电子测量仪器

主 编 王 川
副主编 宋启峰 朱 婷 赖盛昌
参 编 郭 腾

北京理工大学出版社
BEIJING INSTITUTE OF TECHNOLOGY PRESS

内 容 简 介

本书主要介绍了通用电子测量仪器的技术指标、面板装置及主要功能、操作原理与应用。主要内容包括：电子测量方法及数据处理、直流稳压电源、万用表、信号发生器、电压表、数字示波器、通用电子计数器、扫频测量仪等仪器的认知、面板结构，旋钮按键功能及使用方法。

本书编写遵循"知行合一，工学结合"原则，以培养学生职业素质能力为目标，提升对电子测量仪器的操作与运用能力。以"项目引领、任务驱动"构建全书结构体系，一个项目包含若干个任务，并对完成任务作出评价。每个任务围绕典型仪器展开，对电子测量仪器的基本知识、基本功能和基本使用方法等内容的讲述，内容详尽，实用性强。

本书作为中等职业技术学校电子信息类教材，同时也是可作为电子爱好者及初学者的学习参考用书。

版权专有　侵权必究

图书在版编目（CIP）数据

电子测量仪器 / 王川主编. -- 北京：北京理工大学出版社，2021.11
ISBN 978-7-5763-0638-5

Ⅰ. ①电… Ⅱ. ①王… Ⅲ. ①电子测量设备-中等专业学校-教材 Ⅳ. ①TM93

中国版本图书馆 CIP 数据核字（2021）第 219699 号

出版发行 /	北京理工大学出版社有限责任公司
社　　址 /	北京市海淀区中关村南大街5号
邮　　编 /	100081
电　　话 /	(010)68914775（总编室）
	(010)82562903（教材售后服务热线）
	(010)68944723（其他图书服务热线）
网　　址 /	http://www.bitpress.com.cn
经　　销 /	全国各地新华书店
印　　刷 /	定州市新华印刷有限公司
开　　本 /	889毫米×1194毫米　1/16
印　　张 /	14
字　　数 /	281千字
版　　次 /	2021年11月第1版　2021年11月第1次印刷
定　　价 /	39.00元

责任编辑 / 陆世立
文案编辑 / 陆世立
责任校对 / 周瑞红
责任印制 / 边心超

图书出现印装质量问题，请拨打售后服务热线，本社负责调换

前言

电子测量技术与测量仪器在电子技术高速发展的今天发挥着越来越重要的作用。电子测量仪器是作为现代电子信息技术从业者使用的必不可少的测量工具,熟练运用电子测量仪器是必须掌握一项技能。

从职业技术教育的特点出发,将电子测量仪器这门课程作为一种技术技能性的课程来处理。内容重点放在仪器的使用和应用上,从具体的电子测量仪器去理解和掌握某种电参数的测量原理和测量方法,理解电子测量仪器的基本技术性能指标的含义、基本操作原理。初步具备在测量过程中,对出现的现象和问题处理能力。经过本课程的学习和训练,能够熟练地掌握常用电子测量仪器的操作使用,会用多个测量仪器搭建基本的电子测量系统。电子测量仪器是技术技能型课程,应全程进入实验室开展教学,从实践中学习测量技术,从实际操作中提高仪器使用技能。让学生在做中学,学中做;教师则在做中教,教中做。

电子测量仪器种类繁多,并且还有大量的专用电子测量仪器,全面介绍和学习显然是不可能的。但是,电子测量技术中就方法而言,有诸多相同和相通的地方。只要能够掌握几种常用的电子测量仪器的操作原理、使用方法及测量技术,就比较容易理解和学会其他的电子测量仪器的使用。本教材介绍了:直流稳压电源、万用表、信号发生器、电压表、数字示波器、扫频仪等几种常用的电子测量仪器。

目前市面上有很多相关电子测量的教材,但大多以介绍电子测量仪器的工作原理,电路组成和使用方法为主,学生在实际测量中运用仪器能力、测量方法和使用熟练程度不足。本书正是为了职业学校学生能较快地适应企业岗位技能需求而编写,本书的内容选取和结构编排上有以下特点。

(1)以先进性和实用性为宗旨,力求将电子测量技术与相关电子仪器有机融合,介绍常用电子测量仪器的特性、使用与操作方法,给出实战任务,可操作性强。书中对每种电子测量仪器以一种具体型号仪器为例介绍其特点、技术性能指标、面板结构、旋钮按键功能及使用方法,并运用仪器测量电路参数实例。对于在生产岗位上进行实际操作的人员,具有实际的参考意义。

（2）以项目式编写形式，每个项目中由若干个任务组成，每个任务设计有任务描述、任务分析、知识链接、任务实施、任务评价及任务拓展，内容与形式统一。

（3）在实施过程中，按要求学习电子测量仪器的基本知识，基本结构及使用方法，设计有多个实际测量任务，给出任务具体要求和要完成的内容，并对完成任务质量进行三方评价，加权后综合得分，及时反映学习效果。

（4）每个项目有学习目标、学习拓展及实训操作，附有自测题和课后思考与练习题及答案，便于学生掌握自己的学习情况。

（5）对每种电子测量仪器重点介绍其外特性，包括一般性能指标、主要技术指标、面板布局及按键旋钮功能、使用方法及注意事项等。不介绍其内部电路组成及工作原理。

本书由武汉职业技术学院教师与武汉需要智能技术有限公司等企业工程师合作编写，是教学、科研和生产实践经验的总结，是一本适合职业教育特点的教材。

本书项目1、2、5由武汉职业技术学院宋启峰编写，项目3、4、9由武汉职业技术学院王川编写，项目6、8由武汉职业技术学院朱婷编写，项目7由佛山市顺德区陈村职业技术学校赖盛昌编写，武汉需要智能技术有限公司郭腾参与了素材、资料的收集及测试整理；全书由王川负责统稿。

在本书的编写过程中，得到了武汉职业技术学院电信学院和企业的大力支持与协助，在此，向所有关心和支持本书各方面的人士表示衷心感谢。

由于电子测量仪器技术的发展很快，其应用领域也不断扩大，加之作者水平有限，时间仓促，因此，书中难免存在错误和不妥之处，恳请广大读者指正。

编　者

2021 年 6 月

目录

项目一　电子测量的认知 ·· 1
任务 1　了解电子测量 ·· 1
任务 2　认识测量误差 ·· 7
任务 3　测量结果的表示及数据处理 ······································ 14
任务 4　认识测量仪器仪表 ·· 20
思考与练习 1 ··· 22

项目二　直流稳压电源的使用 ·· 23
任务 1　认识直流稳压电源 ·· 23
任务 2　直流稳压电源的使用 ·· 30
思考与练习 2 ··· 37

项目三　万用表的使用 ·· 38
任务 1　指针式万用表的使用 ·· 38
任务 2　数字式万用表的使用 ·· 51
思考与练习 3 ··· 66

项目四　信号发生器的使用 ·· 70
任务 1　函数信号发生器的使用 ·· 70
任务 2　高频信号发生器的信号产生 ······································ 83
思考与练习 4 ··· 92

项目五　电压表的使用 ········· 93
任务1　认识电压表 ········· 93
任务2　使用电压表测量直流电压、交流电压 ········· 103
任务3　使用毫伏表测量交流信号电压 ········· 111
思考与练习5 ········· 122

项目六　数字示波器的使用 ········· 124
任务1　认识数字示波器 ········· 124
任务2　使用数字示波器测量电信号参数 ········· 136
思考与练习6 ········· 152

项目七　通用计数器的使用 ········· 153
任务1　认识计数器 ········· 153
任务2　使用计数器测量频率、周期、时间、累加计数 ········· 163
思考与练习7 ········· 170

项目八　扫频仪的使用 ········· 171
任务1　认识扫频仪 ········· 171
任务2　特征频率、带宽的测量 ········· 182
任务3　带内增益与带外衰减的测量 ········· 188
思考与练习8 ········· 195

项目九　综合测试 ········· 196
任务1　电子元件特性测试 ········· 196
任务2　模拟信号的观察与测量 ········· 207
思考与练习9 ········· 216

参考文献 ········· 218

项目一

电子测量的认知

学习目标

了解电子测量的意义，理解测量误差的来源、表示方法、分类，以及误差对测量数据的影响，熟悉各类型的电子测量仪器的作用与特性，掌握测量数据的处理方法。培养学生认知客观事物的方法及科学的态度。

任务1 了解电子测量

任务描述

学习电子测量的基本内容、特点及测量方法等基础知识，了解电子测量的意义，完成温度测量任务，并做好数据记录和分析。

任务分析

了解电子测量的内容有电路参数测量、特性测量、物理量测量等，理解电子测量的特点，知道电子测量的方法。在温度的测量过程中，注意测量方法、测量工具及影响测量结果的因素。

知识链接

测量是人们认识客观事物并获得其量值的实验过程。在这个过程中，人们借助专门的设备，通过实验的方法，得出被测量值的大小，并给出单位。测量的基本方法是比较。广义地讲，凡是利用了电子技术的测量都可以称为电子测量，它的内容涉及在极宽的电磁频谱上对所有电磁量的测量，包括通过传感器对各种非电量的电测技术。狭义地讲，电子测量是指对电学量的测量。

1. 电子测量的内容

通常说的电子测量是指狭义上的含义，其基本内容如下。

①电能量的测量：各种频率、波形的电压、电流等的测量。

②电信号特性的测量：波形、频率、时间、相位、噪声以及逻辑状态等的测量。

③电路参数的测量：阻抗、品质因数、电子器件参数等的测量。

④导出量的测量：增益、失真度、调幅度等的测量。

⑤特性曲线的显示：幅频特性及器件特性等的测量。

2. 电子测量的特点

电子测量的显著特点是频率范围极宽。除直流外，低端可达到 10^{-4} Hz ~ 10^{-5} Hz，高端可达到 100GHz 以上。与其他测量相比，电子测量还具有以下几个明显的特点。

（1）测量准确度高

电子测量和仪器的准确度一般都能达到相当高的水平，许多情况下是其他测量无法相比的。例如，长度测量的最高准确度也不过为 10^{-8} 量级。在电子测量中，由于采用了原子频标（原子秒）作为基准，使测量的精确度可优于 10^{-13} 量级。在一些需要精密测量的地方，几乎都要采用电子测量和其他技术相配合的方法来进行测量。

（2）量程广

量程是测量范围的上限值与下限值之差。电子测量仪器的量程可以做到很宽。例如一台普通的欧姆表，可测量出几欧姆至几十兆欧姆电阻值。量程达 6~7 个数量级。一台高灵敏的数字电压表，可测量出 10 纳伏至 1 千伏的电压，量程达 11 个数量级。频率计的量程则更宽，可高达 17 个数量级。量程广，正是电子测量仪器的突出优点。

（3）测量速度快

电子测量是通过电磁波的传播和电子运动来进行工作的，因而可以实现高速测量，这是其他方法所无法比拟的。在现代科学技术中，许多物理过程都是瞬息变化的，如果没有测量过程的高速度，要控制和掌握这些过程是不可能的。同时，也只有提高测量的速度，才能使多次测量的测量条件基本维持不变，有利于利用求平均值的方法来减小测量误差。因此，不断提高测量速度也是电子测量的一个重要方向。

（4）测量的灵活性

电子技术中，各种电量之间的相互转换是很容易实现的。在电子测量中，这种转换十分普遍，其目的在于将被测量对象转换成较容易测量的量，以满足对测量的各种不同要求。例如，它通过各种类型的传感器，可以将非电量（如热力学的、光学的，以及机械学物理量）转换为电量（如电压、电流、功率、频率等），完成其他办法难以完成甚至不可能完成的任务，可以很方便地应用电子测量技术。

电子测量中，常用的转换技术有：分频、倍频、检波、斩波、$U-T$、$T-U$、$U-F$、A/D、D/A 等。例如，有时把电压变为频率或时间（如数字电压表），有时则反过来（如高性能的数字电压表)。

电子测量的显示方式比较清晰、直观。例如发光二极管，LED屏显示测量结果等。测量结果还便于打印、绘图、传输、指示或报警。

(5) 易于实现遥测

电子测量的又一个可贵特点是它的远距离作用的可能性。由于远距离作用就能实现遥测遥控。所谓"远距离"，其含义包括远在天边，如人造卫星、导弹、其他星球，远处的地面、海洋等；近在面前则主要是指人体难以接近或不能接近的特殊场所，如人体内部、内燃机汽缸内部和原子反应堆内部。对于那些需要长期不间断测量的场合，电子测量都有它独到的方便之处。

电子测量易于实现遥测和长期不间断测量等优点，使它在各领域得到了广泛的应用。

(6) 易于利用计算机

电子测量仪器与计算机相结合，使它具有高性能、多功能的特点，使测量实现了程控、遥控、自动调节、自动校准、自动诊断故障，甚至自动修复，对测量的结果进行自动记录、自动完成数据运算、分析和处理。这样就使电子测量仪器成为灵巧多用、高性能、多功能的智能仪器。通常，这种仪器具有记忆、存储、数学运算、逻辑判断、命令识别、过程控制等"智能"特点。

因此，电子测量广泛应用于自然科学的一切领域。

电子测量除了有以上几个方面的优点之外，还存在误差处理较为复杂，在测量中容易受到干扰等特点。因此，误差的处理、计算机的应用和抗干扰技术的运用也就成为电子测量的重要内容。

3. 电子测量的方法

(1) 按工作模式分类

①模拟测量。模拟测量是指测量系统中的激励信号具有连续变化的特征，在系统中传输、变换、流通的信号仍然是连续变化的信号。信号的处理技术主要是信号的放大或衰减，其变换是线性的，或者是频谱的搬迁。传统的时域测量技术和频域测量技术都属于模拟测量的范畴。

时域测量是利用模拟信号研究被测量与时间的关系，电子示波器的实时波形显示和频率稳定度的时域测量，是这种工作模式的典型例子。

频域测量同样也是利用模拟电路和模拟信号实现模拟信号与频率关系的测量。系统的幅频特性、传输特性的测量，以及信号的频谱分析等，则是这种测量模式的典型例子。

时域测量和频域测量之间有唯一的对应关系，在进行与信号特性有关的测量和分析时，就可以把两者统一起来。

②数据域测量。数据域测量是指在测量系统中，信息传输、处理、变换、系统的响应及测量结果的显示均采用数字技术。激励信号、响应和测量结果都用有限个离散信号来表达，

通常以高低电平或逻辑值 0、1 来表示。数据域仪器的输入、输出，为适应实际测量的需要，通常要进行 A/D 变换和 D/A 变换。逻辑分析仪是数据域测量的典型仪器。

③随机测量。在测量中需要对各种噪声信号进行动态测量和统计分析。

（2）按测量量与被测量的关系分类

①直接测量。它是直接从仪器上得到被测量的量值的测量方法。使用这种方法时，无需按函数关系来计算测量的结果，因此，直接测量简单、方便。例如，用电压表测量电路的工作电压，用电子计数器测量频率等。

②间接测量。它是指利用被测量和测量量已知的函数关系，间接得到被测量的量值的测量方法。例如，用伏安法测量电阻上消耗的功率时，就要用到函数关系：$P=UI$。在不便使用直接测量，或缺少直接测量的仪器，或间接测量的结果更准确的情况下，常使用间接测量方法。

③组合测量。它是兼用直接测量和间接测量的测量方法。使用组合测量时，可以建立被测量与其他几个量的联立方程，求得被测量的大小。

（3）按测量条件分类

①等精度测量：是指在相同的测量条件下对同一物理量进行的多次测量。例如，同一个人用同样的方法使用同样的仪器对同一待测量进行多次重复测量。尽管每次的测量值可能不相等，但每次测量的可靠性都是一样的，没有理由认为哪一次（或几次）的测量值更可靠或更不可靠。

②非等精度测量：是指不同的测量条件（如使用仪器的不同、测量方法的改变或者测试人员的变更）对同一物理量的多次测量。非等精度测量的每次测量结果的可靠性都不同。

实际上，一切物质都在运动中，没有绝对不变的人和事物，只要其变化对实验的影响很小乃至可以忽略，就可以认为是等精度测量。以后说到对一个量的多次测量，如无另加说明，都是指等精度测量。

（4）测量方法的选择

测量任务确定以后，首要任务就是对被测对象的了解，包括对被测量的物理特性——性质、大小、强弱、变化范围、稳定性和均匀性等的了解，测量时允许的时间长短和空间大小，测量的精度要求以及经费情况等方面的内容。一般来说，可以用于测量某对象的物理法则、定理或定律是多样的，应根据以上几个方面的因素限制，结合现有的仪器、设备条件、测量需求，择优选用。

测量方法的选择得当，可以得到准确测量结果。否则，就可能出现以下情况：

①即便是使用高性能的仪器也得不出正确的测量数据；

②损坏仪器、仪表；

③损坏元器件或被测设备；

④甚至会出现不安全的事故。

例如：用精度等级为1.5级的万用表，量程150V，测量10V的电压时，误差大于20%；用电子计数器测量频率时，因被测信号的电压过高而烧毁仪器的输入电路；若用万用表的 $R×1$ 挡位测量晶体管三极管的发射结电阻，由于基极的注入电流过大，很容易损坏三极管等等。

任务实施

1. 课前准备
课前完成线上学习有关测量的意义及电子测量方法，熟悉本任务要求并完成任务。

2. 任务引导
（1）小组讨论

小组讨论温度测量方案、测量流程、任务分工、注意事项。

（2）完成练习题

①电子测量方法分类有_____，_____，_____。

②在测量中进行量值比较，采用的两种基本方法是_____和_____。

③广义上说，凡是利用_____来进行的测量都可以说是电子测量。

④电子测量的特点有：测量频率范围宽、_____、_____、_____、_____、易于实现测量系统的自动化和智能化。

⑤下列各项中不属于测量基本要素的是_____。

　A. 被测对象　　　B. 测量仪器系统　　　C. 测量误差　　　D. 测量人员

⑥下列各项中不属于国际单位制基本单位的是_____。

　A. 坎德拉（cd）　B. 开尔文（K）　　　C. 摩尔（mol）　　D. 千米（km）

⑦下列各项中不属于国际单位制基本单位的是_____。

　A. 千克（kg）　　B. 秒（s）　　　　　C. 光年　　　　　D. 安培（A）

⑧下列测量中属于电子测量的是_____。

　A. 用天平测量物体的质量　　　　　　B. 用水银温度计测量温度

　C. 用数字温度计测量温度　　　　　　D. 用游标卡尺测量圆柱体的直径

⑨下列测量中属于间接测量的是_____。

　A. 用万用欧姆挡测量电阻　　　　　　B. 用电压表测量已知电阻上消耗的功率

　C. 用逻辑笔测量信号的逻辑状态　　　D. 用电子计数器测量信号周期

⑩下列测量中属于直接测量的是_____。

　A. 用电流表测量晶体管的集电极电流　B. 用弹簧秤测量物体的质量

　C. 用万用表欧姆挡测量电阻　　　　　D. 用电压表测量已知电阻上消耗的功率

（3）观察、分析下列测量任务

观察分析下列测量任务，经分析判断，将结论填入表1-1中。

表 1–1　测量任务分析

测量任务	测量对象	测量工具及作用	人的作用	依据的原理	其他
水银体温计测温					
体温枪测温					
红外体温计测温					
自选					

3. 任务评价

对任务完成情况进行检查与评价，将自我评价、小组评价及教师评价得分分别填入表 1–2 中。

表 1–2　检查与评价

任务序号		项目观测点	配分	评分标准（扣完为止）	操作人员 自我评价	得分	小组评价	得分	完成工时 教师评价	得分
1	任务实施	测量对象	10	选择错每个扣 2 分						
2		测量工具	10	不规范每处扣 1 分						
3		人的作用	10	没完成每项扣 2 分						
4		依据的原理	10	不规范每次扣 2 分						
5		完成工时	10	超时 5 分钟扣 1 分						
6		安全文明	10	未安全操作扣 5 分						
7	完成质量	完整性	10	失真每处扣 2 分						
8		合理性	20	超出合理范围每处扣 2 分						
9	专业知识	完成练习题	10	未完成或答错一道题扣 1 分						
	合计		100							
	加权得分（自我评价×30%＋小组评价×30%＋教师评价×40%）									
	综合得分									

项目一　电子测量的认知　　7

任务 2　认识测量误差

任务描述

认识测量误差的来源、表示方法、分类，理解误差对测量数据的影响。

任务分析

学习误差的概念、误差的来源、误差的表示，理解误差对测量数据的影响。通过测量电阻值，测量仪器采用不同的接入方式，观测测量数据，分析测量结果，找出测量误差，总结如何减小测量误差。

知识链接

1. 测量误差的定义

（1）测量误差的概念

测量误差是测得值与其真值之差。测量的目的就是要获得被测量的真值。所谓真值，就是在一定的条件下，物理量本身所具有的真实大小。一个被测物理量的真值是客观存在的确定量值。对于很多测量来讲，测量工作的全部价值取决于它的准确程度。

（2）测量误差的来源

测量误差的来源主要有以下四个方面。

①理论误差与方法误差。由于测量时所依据的理论不严密、或使用了不适当的简化，用近似公式或以近似值计算测量结果时所引起的误差，称为理论误差。由于测量方法不合理所造成的误差称为方法误差。例如，用普通万用表测量高内阻回路的电压，由于万用表输入电阻所引起的误差。有时也将理论误差和方法误差合称为理论误差或方法误差。

②仪器误差。由于仪器本身及其附件的电气、机械等性能不完善所造成的误差，称为仪器误差。例如，由于刻度不准确、调节机构不完善等原因所造成的读数误差，内部噪声引起的误差，由于元件老化、环境改变等原因造成的稳定性误差都属于仪器误差。在测量中，仪器的误差往往是主要的。

③影响误差。由于各种环境因素与要求的条件不一致所造成的误差称为影响误差，也称为环境误差。例如：测量时，由于温度、湿度、电源电压、电磁场、大气压强等影响因素所造成的误差。

④人身误差。由于测量者的分辨能力、视觉疲劳、反应速度等生理因素，以及固有习惯、

精神状态、注意力和责任心等心理因素引起的误差称为人身误差。例如，读错刻度、念错数据、使用或操作不当所造成的误差。

在测量工作中，对于误差的来源必须认真分析，采取相应的措施，以减小误差对测量结果的影响。

2. 测量误差的表示方法

（1）绝对误差

①绝对误差的定义：绝对误差是被测量的测得值 X 与其真值 A_0 的差值。即

$$\Delta X = X - A_0 \tag{1-1}$$

式中，ΔX——绝对误差；

X——测得值，包括测量值、标称值、示值、计算的近似值等，习惯上统称为示值。

读数是仪器刻度盘、显示器上直接读得的数字。测得值或示值则是从仪器或量具直接反映或经过必要计算而得出的量值，例如，用 GB-9 型毫伏表测量方波信号的电压值时，其读数就不等于示值。这时，需要将读数换算成示值，否则就会产生误差。

真值实际上是未知的。式（1-1）只有理论上或计量上的意义，通常将它改写为

$$\Delta X = X - A \tag{1-2}$$

式中，A——被测量的实际值。

②实际值：是满足规定准确度要求，用来代替真值的量值。在实际测量中，通常用高一个等级（准确度为所使用仪器的 1/3~1/10）的标准仪器所测得的量值作为被测量的实际值，也可以把经过修正的多次测量的算术平均值作为实际值，并用来代替真值。

③修正值：与绝对误差大小相等、符号相反的量值称之为修正值，用 C 表示。则

$$C = A - X \tag{1-3}$$

在某些较准确的仪器中，常以表格、曲线或公式等形式给出修正值。在自动测试仪器中，仪器还可以对测量结果进行自动修正。

例如：某电流表的量程为 10mA，通过检定，得到其修正值为 -0.2mA。利用这只表去测量某电流，其示值为 7.8mA。根据式（1-3），则被测电流的实际值为

$$A = X + C = 7.8\text{mA} - 0.2\text{mA} = 7.6\text{mA}$$

绝对误差、修正值和被测量的示值都是具有相同量纲的量。绝对误差的大小和符号分别表示测得值偏离实际值的程度和方向，但是不能用它来说明测量的准确程度，描述测量的准确程度时要使用相对误差的概念。

（2）相对误差

相对误差定义为绝对误差与约定值的比值，常用百分数来表示，也可以用分贝形式来表示。约定值可以是实际值、示值、或仪器量程的满度值 X_m。相对误差反映了测量的准确程度。

由于约定值的不同，相对误差有不同的名称。

实际相对误差 γ_A 为

$$\gamma_A = \frac{\Delta X}{A} \times 100\% \qquad (1-4)$$

示值相对误差 γ_X 为

$$\gamma_X = \frac{\Delta X}{X} \times 100\% \qquad (1-5)$$

满度相对误差，又称为引用相对误差 γ_m 为

$$\gamma_m = \frac{\Delta X_m}{X_m} \times 100\% \qquad (1-6)$$

式中，ΔX_m——整量化误差。

电工仪表中，各刻度处的绝对误差 ΔX_i 不尽相同，若其中最大的一个为 $\Delta X_{i\max}$，则取整量化误差 $\Delta X_m = |\Delta X_{i\max}|$。

上述使用时应注意以下几点。

① 一般采用 γ_X 为宜。

② 满度相对误差具有相对误差形式，它对测量者来说，给出的却是仪器的绝对误差，即

$$\Delta X_m = \gamma_m X_m \qquad (1-7)$$

③ 为了减小测量中的示值误差，在选择仪表的量程时，应尽量使示值靠近满度值。一般，应使示值指示在仪表满刻度值的 2/3 以上区域。但是，这个原则对于普通型测量电阻的欧姆表（或万用表的欧姆挡）就不适用了，因为在设计和检定欧姆表时，均以中值电阻为基准，其量程的选择应以电表指针指向中值的 (0.2~5) 倍的区域为宜。

④ 按照规定，常用电工仪表分为七级：0.1，0.2，0.5，1.0，1.5，2.5，5.0。它们分别表示对应仪表的满度相对误差所不应超过的百分比。例如，1.5 级的电表，就表明其 $\gamma_m \leq \pm 1.5\%$，并在表面上标以 1.5 的标志；若电表有几个量程，则在所有的量程上均取 $\gamma_m = \pm 1.5\%$。显然各量程的绝对误差是不一样的。

[例 1-1] 检定一个 1.5 级 10mA 的电流表，若在 5mA 处的误差最大，为 0.13mA，其他刻度处的误差均小于 0.13mA，问该表是否合格？

[解] 根据式 (1-6)，可求得该表满度相对误差为

$$\gamma_m = \frac{\Delta I_m}{I_m} = \frac{0.13\text{mA}}{10\text{mA}} = 1.3\% < 1.5\%$$

因此，该表是合格的。

[例 1-2] 被测电压的实际值在 10V 左右，现有 150V、±0.5 级和 15V、±1.5 级两块电压表，选用哪块表更为合适？

[解] 若使用 150V、0.5 级电压表，根据式 (1-7)，可求得测量的最大绝对误差（取绝对值）为

$$\Delta U_m = 0.5\% \times 150\text{V} = 0.75\text{V}$$

若表头的示值为 10V，则测量的相对误差 γ_1 为

$$\gamma_1 = \frac{\pm 0.75\text{V}}{10\text{V}} \times 100\% = \pm 7.5\%$$

同理，用15V、1.5级电压表测量，则相对误差 γ_2 为

$$\gamma_2 = \frac{\pm 1.5\% \times 15\text{V}}{10\text{V}} \times 100\% = \pm 2.25\%$$

显然，应选用15V、±1.5级电压表。用"±"表示误差在 -1.5% ~ +1.5%。

由此可见，测量中，我们应根据被测量对象的大小，合理选择仪表的量程，并兼顾准确度等级，而不能片面追求仪表的级别。

（3）容许误差

误差除了表示测量结果的准确程度以外，还是电子测量仪器重要的质量指标。

容许误差是指某一类仪器不应超出的误差最大范围或极限，也称为极限误差。一般仪器的技术说明书上所标明的误差就是指容许误差。

3. 测量误差的分类

根据测量误差的性质和特点，可以将测量误差分为三大类：系统误差、随机误差和粗大误差。

（1）系统误差

在相同的条件下多次测量同一量值时，误差的绝对值和符号保持不变，或测量条件改变时按一定规律变化的误差，称为系统误差，简称为系差。记为 ε。

系统误差产生的原因很多，在实际应用中，可以归结为误差来源的各种因素中，由那些有规律地变化而又不能忽略的几个主要因素共同造成。

系统误差的特点是，它遵循一定的规律。测量条件一经确定，误差为一确定的量值，使用多次求平均值的方法并不能改变系统误差的大小。

针对系统误差产生的根源，采取检定、校准、比对、改变测量方法等技术方法进行削弱或消除，并作适当的估计和修正等措施，设法减小它的影响。

（2）随机误差

在相同的条件下，多次测量同一量值时，绝对值和符号均以不可预定的方式变化的误差称为随机误差，又称为偶然误差。第 i 次测量的随机误差记为 δ_i。

随机误差是由那些对测量值影响较微小，又互不相关的多种因素共同造成的。

随机误差的特点是：一次测量的随机误差没有规律，不可预定，不能控制，也不能用实验的方法加以消除。在多次测量中随机误差具有抵偿性，即它在多次测量中可以相互抵消。抵偿性是随机误差的重要特性。具有抵偿性的误差，一般可按随机误差来处理。

根据上述特点，可以通过对多次测量值取算术平均值的方法来削弱随机误差对测量结果的影响。一般，使用标准差 σ 的倍数表示随机误差的大小。

（3）粗大误差

在测量条件一定的情况下，测量值明显偏离实际值所形成的误差称为粗大误差，也称为

疏失误差、差错或粗差。

产生粗大误差主要原因是：读数错误、测量方法错误、测量仪器有缺陷以及测量条件的突然变化等。

凡是含有粗大误差的测量数据，即$|V_k|>3\sigma$，称为坏值（记为X_k），应剔除不用。

任务实施

1. 课前准备

课前完成线上学习测量误差来源、分类及表示方法等误差理论知识，熟悉电流表、电压表的使用。

2. 任务引导

（1）准备工作

准备仪器：小组讨论，用伏安法测量电阻值所用测量仪器器材名称、型号、数量、作用填入表1-3中。

表1-3 测量器材

序号	器材名称	型号	数量	作用
1				
2				
3				
4				

（2）完成练习题

①下列几种误差中，属于系统误差的有_____，属于随机误差的有_____，属于粗大误差的有_____。

A. 仪表未校零所引起的误差　　　　B. 测频时的量化误差

C. 测频时的标准频率误差　　　　　D. 读数错误

②下列不属于测量误差来源的是_____

A. 仪器误差和环境影响误差　　　　B. 满度误差和分贝误差

C. 人身误差和测量对象变化误差　　D. 理论误差和方法误差

③为了提高测量准确度，在比较中常采用减小测量误差的方法，如_____法、_____法、_____法。

④仪器通常工作在_____状态，可满足规定的性能。

A. 基准条件　　　　　　　　　　　B. 极限工作条件

C. 额定工作条件　　　　　　　　　D. 储存与运输条件

⑤被测量真值是_____。

A. 都是可以准确测定的　　　　　　　　B. 客观存在的，但很多情况下不能准确确定
C. 全部不能准确测定　　　　　　　　　D. 客观上均不存在，因而无法测量

⑥测量的正确度是表示测量结果中_____大小的程度。

A. 系统误差　　　B. 随机误差　　　C. 粗大误差　　　D. 标准偏差

⑦某测量员测量电压时，由于读数固有习惯从右看去，造成读数均略偏低，称该误差为_____。

A. 随机误差　　　B. 偶然误差　　　C. 疏失误差　　　D. 系统误差

⑧下述方法中，能减小系统误差的有_____。

A. 统计平均

B. 多次测量方法

C. 加权平均

D. 经高一级计量标准检定后以表格等方式加以修正

⑨判断对错：某待测电流约为 100mA。现有两个电流表，分别是甲表：0.5 级、量程为 0~400mA；乙表：1.5 级，量程为 0~100mA。则用甲表测量误差较小。（　　）

⑩判断对错：绝对误差就是误差的绝对值。（　　）

（3）观察作图

①用伏安法测量电阻 R_X，将电流表内接法、电流表外接法的接线图填入表 1-4 中。被测量电阻大小自定。

表 1-4　伏安测量电阻接线图

电流表内接法	电流表外接法

②计算分析用伏安法测量电阻的情况，并将计算分析情况记入表 1-5 中。

表 1-5　伏安法测量电阻分析对比

伏安表内阻	电流表外接法 R_X	电流表内接法 R_X	误差分析
$R_A=0$，$R_V=\infty$ 理想情况 （理论计算 R_X）			
R_A、R_V 均为有限值 （可查阅内阻）			

3. 任务评价

对任务完成情况进行检查与评价,将自我评价、小组评价及教师评价得分分别填入表1-6中。

表1-6 检查与评价

任务序号		项目观测点	配分	评分标准(扣完为止)	操作人员		完成工时			
					自我评价	得分	小组评价	得分	教师评价	得分
1	任务实施	仪器、导线选择	5	选择错每个扣2分						
2		仪器接线	5	接线不规范每处扣1分						
3		仪器检查	5	没完成自检每项扣2分						
4		仪器操作规范	10	不规范操作每次扣5分						
5		仪器读数	10	读数错误每次扣2分						
6		数据记录规范	10	每处扣1分						
7		完成工时	5	超时5分钟扣1分						
8		安全文明	5	未安全操作、整理实训台扣5分						
9	完成质量	计算过程	15	失真每处扣2分						
10		电阻测量误差	20	超出误差范围每处扣2分						
11	专业知识	完成练习题	10	未完成或答错一道题扣1分						
		合计	100							
		加权得分 (自我评价×30%+小组评价×30%+教师评价×40%)								
		综合得分								

任务3 测量结果的表示及数据处理

任务描述

分析误差对电子测量结果的影响,理解测量结果的评价,掌握测量数据的处理方法及测量结果的表示方法。

任务分析

系统误差、随机误差对测量结果有影响,分析这些影响是有效数字及测量数据的处理依据,掌握测量数据的处理方法,学会正确的表示方法。

知识链接

1. 测量结果的表示

(1) 测量误差的影响

一般来说,误差使测量结果偏离真值或实际值。

系统误差使测量值的数学期望 $M(X)$ 偏离真值 A_0。

随机误差使每一次的测量值 X_i 都偏离其数学期望 $M(X)$。

(2) 测量结果的评价

为了说明测量结果,通常用正确度、精密度和准确度来评定,它们的意义如下。

①正确度,它是指测量值与真值的接近程度。它反映系统误差的大小,系统误差小,则正确度高。

②精密度,它指测量数据的集中程度。它反映随机误差的大小。随机误差的大小可以用测量值的标准差 $\sigma(X)$ 来衡量。$\sigma(X)$ 越小,测量数据越集中,则精密度越高。

③准确度,它是指系统误差与随机误差综合影响的程度。它反映测量结果与真值的接近程度。正确度高,精密度高,则准确度高。

正确度、精密度和准确度的概念可以用射击打靶中的几种情形来描述,如图1-1所示。

图1-1中的情形在测量实践中都有其体现。其中:(a) 既不正确,又不精密,更不准确,且存在粗大误差(脱靶);(b) 正确但欠精密;(c) 较精密但不正确;(d) 既正确,又精密,准确度高。测量中,要使测量结果的准确度高,应选用性能优良的测量仪器、合适的测量方法,科学地组织实施、细心地操作。除此之外,正确地分析和处理测量的数据也是十分重要的。

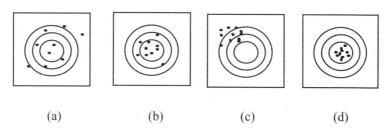

图 1-1　正确度、精密度和准确度的概念

（3）测量结果的表示

测量结果一般以数字方式或图形方式表示。图形方式可以在测量仪器的显示屏上直接显示出来，也可以通过对数据进行描点作图得到。测量结果的数字表示方法有以下几种。

① 测量值+不确定度

这是最常用的表示方法，特别适合表示最后测量结果。例如 $R=40.67\pm0.5\Omega$，40.67Ω 称为测量值，$\pm0.5\Omega$ 称为不确定度，表示被测量实际值是处于 $40.17\Omega\sim41.17\Omega$ 区间的任意值，但不能确定具体数据。不确定度和测量值都是在对一系列测量数据的处理过程中得到的。

② 有效数字

有效数字是由第一种数字表示方法改写而成的，比较适合表示中间结果。当未标明测量误差或分辨力时，有效数字的末位一般与不确定度第一个非零数字的前一位对齐，这是由不确定度的含义及"0.5 误差原则"所决定的。对于确定的数，通常规定误差不得超过末位单位数字的一半。例如，若末位数字是个位，则测量的绝对误差值小于 0.5；若末位是十位，则测量的绝对值误差小于 5。对于这种误差不大于末位单位数字一半的数，从它的第一个不为零的数字起，直到右边最后一个数字为止，都叫有效数字。例如：

　　3.14159 六位有效数字　　　　极限（绝对）误差≤0.000005

　　3.1416 五位有效数字　　　　极限（绝对）误差≤0.00005

　　9600 四位有效数字　　　　　极限（绝对）误差≤0.5

　　97×10^2 二位有效数字　　　极限（绝对）误差≤0.5×10^2

　　0.032 二位有效数字　　　　　极限（绝对）误差≤0.0005

　　0.302 三位有效数字　　　　　极限（绝对）误差≤0.0005

数字的不同表示，其含义是不同的。如写成 30.50，表示最大绝对误差不大于 0.005；而若写成 30.5，则表示最大绝对误差不大于 0.05。再如某电流的测量结果写成 2000mA，表示绝对误差小于 0.5mA；而如果写成 2A，则表示仅有一位有效数字，绝对误差小于 0.5A；但如写成 2.000A，绝对误差则与 2000mA 完全相同。

③ 有效数字+（1~2）位的安全数字

该方法是由前两种表示方法演变而成的，它比较适合表示中间结果或重要数据。加安全数字可以减小由第一种方法改写成第二种方法时产生的误差对测量的影响。该方法是在第二种表示方法确定出有效数字位数的基础上，根据需要向后多取 1~2 位安全数字，而多余数字应按照有效数字的舍入规则进行处理。例如 $R=40.67\pm0.5\Omega$ 用有效数字+1 位安全数字表示为 40.7Ω，末位的 7 为安全数字；用有效数字+2 位安全数字表示为 40.67Ω，末尾的 6、7 为安全数字。

上述方法表示出的结果是测量报告值。

2. 有效数字的处理

有效数字的处理包括有效数字位数的取舍及有效数字的舍入。

（1）有效数字及其位数的取舍

测量过程中，通常要在量程最小刻度的基础上多估读一位数字作为测量值的最后一位，此估读数字称为欠准数字。欠准数字后的数字是无意义的，不必记入。由此得出的示值是测量记录值，与测量报告值是不同的。例如某型万用表直流50V量程的分辨力为1V，如果读出32.7V是恰当的，但不能读成32.73V，32.7V是测量记录值。

从第一个非零数字起向右所有的数字都称为有效数字。例如0.0430V的有效数字位数是3位而不是5位或2位，第一个非零数字前的0仅表示小数点的位置而不是有效数字。未标明仪器分辨力时，有效数字中非零数字后的0不能随意省略，例如3000V可以写成3.000kV、3.000×10^3V，而不能写成3kV、3.0kV或3.00kV。

电子测量中，如果未标明测量误差或分辨力，通常认为有效数字具有不大于欠准数字±0.5单位的误差，称之为0.5误差原则。例如0.430V、0.43V表示的测量误差分别为±0.0005V、±0.005V，标明被测量实际值分别处于0.4295~0.4305V、0.425~0.435V，因此二者表示的意义是不同的。同样道理，3.000kV与3.000×10^3V表示的结果相同；而3kV、3.0kV、3.00kV表示的结果不相同。

有效数字40.67Ω表示测量误差不大于±0.005Ω，说明被测电阻实际值在40.665~40.675Ω，显然比$R=40.67\pm0.5$Ω表示的电阻实际值区间要窄，故当用40.67Ω作为中间结果进行计算时势必要漏掉真实数据，所以除非要用"有效数字+（1~2位）安全数字"表示测量结果，否则不能将$R=40.67\pm0.5$Ω改写成40.67Ω或40.7Ω，但可以改写成41Ω，末位数字的取值根据有效数字的舍入规则进行。

（2）数字修约规则

"四舍六入五留双"。

具体的做法是，当尾数≤4时将其舍去；尾数≥6时就进一位；如果尾数为5而后面的数为0时则看前方：前方为奇数就进位，前方为偶数则舍去；当"5"后面还有不是0的任何数时，都须向前进一位，无论前方是奇数还是偶数，"0"则以偶数论。例如：将10.34、10.36、10.35、10.45保留一位小数点后一位有效数字，即

10.34→10.3（4≤4，舍去）

10.36→10.4（6≥6，进一）

10.35→10.4（3是奇数，5入）

10.45→10.4（4是偶数，5舍）

必须注意：进行数字修约时只能一次修约到指定的位数，不能数次修约，否则会得出错误的结果。

[例1-3] 用一台0.5级100V量程的电压表测量电压，指示值为15.35V，试确定有效数字的位数。

[解] 该表100V量程挡最大绝对误差为：

$$\Delta U_m = \pm 0.5\% \times 100\text{V} = \pm 0.5\text{V}$$

可见被测量实际值在14.85~15.85V，绝对误差为±0.5V。根据"0.5误差原则"，测量结果的末位应为个位，即应保留两位有效数字。因此不标注误差时的测量报告值为15V。一般将记录值的末位与绝对误差取齐，例中误差为0.5V，所以测量记录值为15.4V。

任务实施

1. 课前准备

课前完成线上学习测量结果的表示方法，有效数字及测量数据的处理依据，测量的数据的处理方法；系统误差、随机误差的来源、分类及表示方法等误差理论知识，预习电流表、电压表的使用。

2. 任务引导

（1）准备工作

准备仪器：小组讨论，测量正弦交流电压所用交流信号源、模拟万用表、数字万用表等所选用的测量仪器器材名称、型号、数量、作用填入表1-7中。

表1-7 测量器材

序号	器材名称	型号	数量	作用
1				
2				
3				
4				

（2）完成练习题

①按照舍入法则，对下列数据进行处理，使其各保留三位有效数字。

0.882，8.914，3.750，0.0425，59.450，0.000715，21000，24.4550，33.650

②指出下列数据中的有效数字和欠准数字。

10008，0.00081，0.549000，0.0000098，5189，0.900004，0066，7.500

③用一个修正值为-0.3V的电压表去测量电压，示值为7.5V，问实际电压为多少？

④运算下列数据，并说明保留位数的理由。

5.432+3.02+1.1234=

43.12×0.32÷6.09=

⑤从下列数据中找出相同的数据。

5.600kΩ，5.60kΩ，5600Ω，5.6kΩ，5.600kΩ，5.6×10³Ω，0.5600×10kΩ。

（3）正弦交流电压的测量

将交流信号源的频率调至1kHz，利用交流毫伏表（作为标准表）将正弦波输出电压调至

4V、6V、8V，然后使用万用表测量相应的正弦波电压，将测量数据记录在表 1-8 中。

表 1-8 正弦交流电压测量数据表

交流毫伏表	读数值（U）	4V	6V	8V
使用模拟万用表测量	读数值（U）			
	绝对误差 ΔU			
	示值相对误差（%）			
使用数字万用表测量	读数值（U）			
	绝对误差 ΔU			
	示值相对误差（%）			

3. 任务评价

对任务完成情况进行检查与评价，将自我评价、小组评价及教师评价得分分别填入表 1-9 中。

表 1-9 检查与评价

任务序号		项目观测点	配分	评分标准（扣完为止）	操作人员		完成工时			
					自我评价	得分	小组评价	得分	教师评价	得分
1	任务实施	仪器、导线选择	5	选择错误每个扣 2 分						
2		仪器接线	5	接线不规范每处扣 1 分						
3		仪器检查	5	没完成自检每项扣 2 分						
4		仪器操作规范	10	不规范操作每次扣 5 分						
5		仪器读数	10	读数错误每次扣 2 分						
6		数据记录规范	10	每处扣 1 分						
7		完成工时	5	超时 5 分钟扣 1 分						
8		安全文明	5	未安全操作、整理实训台扣 5 分						

任务序号	项目观测点	配分	评分标准（扣完为止）	操作人员			完成工时		
				自我评价	得分	小组评价	得分	教师评价	得分
9	完成质量	计算过程	15	失真每处扣 2 分					
10		电压测量误差	20	超出误差范围每处扣 2 分					
11	专业知识	完成练习题	10	未完成或答错一道题扣 1 分					
合计			100						
加权得分（自我评价×30%＋小组评价×30%＋教师评价×40%）									
综合得分									

任务拓展

等精密度测量数据的处理

自拟对系统误差处理后的等精密度测量数据（数据量多于 10 个），练习等精密度测量的数据处理方法（假设系统误差已处理）。

1. 处理步骤

①按测量时间顺序排列数据。

②求算术数平均值

$$\overline{X} = \frac{1}{n}\sum_{i=1}^{n} X_i$$

③求剩余误差

$$V_i = X_i - \overline{X}$$

④求标准差估计值

$$\hat{\sigma}(X) = \sqrt{\frac{\sum_{i=1}^{n} V_i^2}{n-1}} \quad 或 \quad \hat{\sigma}(X) = \sqrt{\frac{\sum_{i=1}^{n} X_i^2 - n\overline{X}^2}{n-1}}$$

⑤判断是否存在粗大误差，剔除粗大误差 X_k。当 $|V_k| > 3\sigma$，则 X_k 为粗大误差。

⑥重复①~⑤，直至无粗大误差，记录此时的标准差估计值 σ。

⑦求已剔除粗大误差后的测量数据的算术平均值 $\overline{X}$。

2. 测量结果表示

$$A = \overline{X} \pm 3\sigma$$

 电子测量仪器

任务4　认识测量仪器仪表

任务描述

初步认识信号发生器、电压测量仪、示波器、频率测量仪、电路参数测量仪、信号分析仪、模拟电路特性测试仪、数字电路特性测试仪等八种类型的电子测量仪器，每种类型测量仪器能测量的物理量、范围以及应用场景。在这些类型的仪器中，各找出一种自己熟悉或使用过的仪器，理解其名称、作用及性能。

任务分析

通过线上线下各种学习途径学习信号发生器、电压测量仪、示波器、频率测量仪、电路参数测量仪、信号分析仪、模拟电路特性测试仪、数字电路特性测试仪等八种类型的测量仪器，较深入了解一个型号的仪器，并记录其名称、型号、作用及性能完成表格填写。

知识链接

测量中用到的各种电子仪表、电子仪器及辅助设备统称为电子测量仪器。电子测量仪器种类繁多，主要包括通用仪器和专用仪器两大类。专用仪器是为特定目的设计制作的，适于特定对象的测量。通用仪器是指应用面广、灵活性好的测量仪器。按照仪器功能，通用电子测量仪器分为以下几类。

（1）信号发生器（信号源）

信号发生器是在电子测量中提供符合一定技术要求的电信号产生仪器，如正弦信号发生器、脉冲信号发生器、函数信号发生器、随机信号发生器等。

（2）电压测量仪器

电压测量仪器是用于测量信号电压的仪器，如低频毫伏表、高频毫伏表、数字电压表等。

（3）示波器

示波器是用于显示信号波形的仪器，如通用示波器、取样示波器、记忆存储示波器等。

（4）频率测量仪器

频率测量仪器是用于测量信号频率、周期等的仪器，如指针式频率计、数字式频率计等。

（5）电路参数测量仪器

电路参数测量仪器是用于测量电阻、电感、晶体管放大倍数等元器件或电路网络参数的仪器，如电桥、Q表、晶体管特性图示仪等。

（6）信号分析仪器

信号分析仪器是用于测量信号非线性失真度、信号频谱特性等的仪器，如失真度测试仪、频谱仪等。

（7）模拟电路特性测试仪

模拟电路特性测试仪是用于分析模拟电路幅频特性、噪声特性等的仪器，如扫频仪、噪声系数测试仪等。

（8）数字电路特性测试仪

数字电路特性测试仪是用于分析数字电路逻辑特性等的仪器，如逻辑分析仪、特征分析仪等，是数据域测量不可缺少的仪器。

测量时应根据测量要求，参考被测量与测量仪器的有关指标，结合现有测量条件及经济状况，尽量选用功能相符、使用方便的仪器。

任务实施

1. 课前准备

课前完成线上学习，任意了解八种不同类型的电子测量仪器的功能、作用及测量范围。

2. 任务引导

小组讨论，分工。把所学电子测量仪器的名称、型号、作用、主要性能填入表1-10中。

表1-10 测量仪器

序号	测量仪器名称	型号	作用	主要性能
1				
2				
3				
4				
5				
6				
7				
8				

3. 任务评价

对任务完成情况进行检查与评价，将自我评价、小组评价及教师评价得分分别填入表1-11中。

表1-11 检查与评价

任务			操作人员			完成工时				
序号	项目观测点	配分	评分标准（扣完为止）	自我评价	得分	小组评价	得分	教师评价	得分
1	仪器种类数	20	每少1种扣5分						
2	仪器作用	10	每少1关键词扣3分						
3	主要性能指标	40	每少一项扣8分						
4	完成工时	10	超时5分钟扣1分						
5	完成质量	20	上述每处扣5分						

续表

任务				操作人员		完成工时					
序号	项目观测点	配分	评分标准（扣完为止）	自我评价	得分	小组评价	得分	教师评价	得分		
合计		100									
加权得分 （自我评价×30%+小组评价×30%+教师评价×40%）											
综合得分											

思考与练习1

1. 名词解释：测量、电子测量。
2. 名词解释：真值、实际值、示值、误差、修正值。
3. 电子测量有哪些内容？有哪些测量方法？
4. 测量误差有哪些表示方法？测量误差有哪些来源？
5. 系统误差、随机误差、粗大误差各有何特点？
6. 叙述直接测量、间接测量、组合测量的特点，并各举两个测量实例。
7. 检定一只3mA、2.5级电流表的满度相对误差。现有下列几只标准电流表，问选用哪只最适合？

  （1）10mA、0.5级　　（2）10mA、0.2级

  （3）15mA、0.2级　　（4）100mA、0.1级

8. 某被测量电压为3.50V，仪表的量程为5V，测量时该表的示值为3.53V，求：

  （1）绝对误差与修正值各为多少？

  （2）实际相对误差及满度相对误差各为多少？

  （3）该电压表的精度等级属于哪一级别？

9. 用1.5级、量程为10V的电压表分别测量3V和1V的电压，试问哪一次测量的准确度高？为什么？

10. 若测量10V左右的电压，手头有两块电压表，其中一块量程为150V、0.5级；另一块是15V、2.5级。问选用哪一块电压表测量更准确？

11. 按照舍入法则，对下列数据进行处理，使其各保留三位有效数字。

  45.77　　36.251　　43.149　　38 050　　47.15　　3.995

12. 根据误差的性质，误差可分为几类？各有何特点？分别可以采取什么措施减小这些误差对测量结果的影响？

13. 对某电压进行了8次测量，数据如下。

次数	1	2	3	4	5	6	7	8
U/V	10.082	10.079	10.085	10.084	10.078	10.091	10.076	10.082

  求算术平均值 $\overline{U}$ 及标准差 $\hat{\sigma}(U)$。

项目二

直流稳压电源的使用

学习目标

了解直流稳压电源的组成,熟悉直流稳压电源面板上常用旋钮的作用,掌握直流稳压电源的使用方法和操作技巧,会对直流稳压电源进行检测,调节输出所需电压。培养学生规范操作,安全用电的职业素养。

任务1　认识直流稳压电源

任务描述

了解直流稳压电源工作原理、电路构成、技术指标及特性,了解直流稳压电源的面板结构,各旋钮功能及作用。

任务分析

基于电子线路基础知识,理解直流稳压电源的组成、性能、技术指标及操作原理,在实验中熟悉直流稳压电源的使用方法和操作技巧。

知识链接

1. **直流稳压电源的组成**

（1）直流稳压电源的组成

直流稳压电源由四部分组成:电源变压器、整流电路、滤波电路和稳压电路。如图2-1所示。交流电（市电）经变压、整流、滤波、稳压等电路作用变换为直流电。

①电源变压器。将电网交流电压变为整流电路所需的交流电压,一般次级电压小于初级电压。

图 2-1 直流稳压电源的组成

②整流电路。将变压器次级交流电压变成单向的脉动直流电压,称为整流电压,它包含直流成分和许多谐波分量。

③滤波电路。滤除整流输出电压中的谐波分量,输出比较平滑的直流电压。该电压往往随电网电压和负载电流的变化而变化。

经整流滤波后的电压不稳,其主要原因有以下几点。

a. 交流电网的电压有±10%左右的波动。

b. 整流滤波电路存在内阻,负载变化时,在内阻上的压降也会变化。

c. 在整流稳压电路中,采用的半导体器件因环境温度变化,也会造成电压变化。

④稳压电路能在电网电压和负载电流变化时,保持输出直流电压的稳定。它是直流稳压电源的重要组成部分,决定着直流电源的重要性能指标。

(2) 串联型稳压电源

晶体管串联型稳压电源典型电路,如图 2-2 所示。

电路由变压器、整流二极管 $D_1 - D_4$、滤波电容 C、稳压电路组成。市电 u_i 经变压器降压输出次级电压 u_2,u_2 经整流、滤波输出脉动直流电压 u_1,u_1 送到稳压电路,经稳压后输出 u_o。稳压电路由调整管 T_1,取样电阻 R_1、R_W、R_2,比较放大管 T_2、基准电源 D_Z 等组成负反馈稳压电路。

调整管串联在滤波电路和负载之间,相当于一个可变电阻,如果输出电压升高了,则其阻值相应增大,使输出电压降下来;反之,输出电压下降了,则其阻值减小,使输出电压上升。实现负反馈稳压。

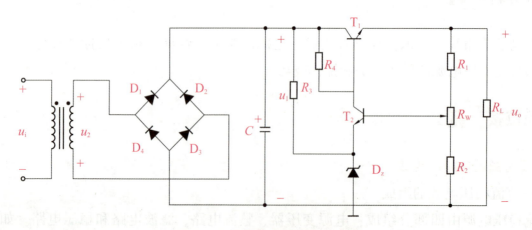

图 2-2 晶体管串联型稳压电路

图 2-3 为 HD1766-2 直流稳压电源实物面板。

2. 直流稳压电源的主要指标

稳定电源大多是电子仪器、电子控制设备等用电设备对电源提出的要求而设置的。因此，稳定电源应满足用电设备对电源的要求。

图 2-3　HD1766-2 直流稳压电源实物面板

这种对电源的要求可分为两类：一类是用电设备所需要的电压、电流，以及电压、电流所能调节的范围等；另一类是对所需要的电压或电流的稳定程度提出要求，通常还要求纹波、噪声、温漂、时漂等不得大于某一规定值。

按照这些要求所生产的稳定电源，它能输出的电压、电流及其调节范围等，称为电源的特性指标；它的电压或电流稳定度、纹波等，则称为电源的技术指标或质量指标。电源的特性指标很简单，电源的技术指标则有一确定的含义，现对主要的电源指标分述如下。

（1）特性指标

①最大输出电流。它主要取决于主调整管的最大允许耗散功率和最大允许工作电流。

②输出电压和电压调节范围。按照负载的要求来决定。如果需要的是固定电源的设备，其稳压电源的调节范围最好小些，电压值一旦调定就不可改变。对于商用电源，其输出范围都从零伏起调，调压范围要宽些，且连续可调。

③效率。稳压电源本身是个换能器，在能量转换时有能量损耗，这就存在转换的效率问题。要提高效率主要是要降低调整管的功耗，这样既节能，又提高了电源的工作可靠性。

④保护特性。在直流稳压电源中，当负载出现过载或短路时，会使调整管损坏，因此，电源中必须有快速响应的过流、短路保护电路。另外，当稳压电源出现故障时，输出电压过高，就有可能损坏负载。因此，还要求有过压保护电路。

（2）技术指标

①电压调整率（S_v）。当市电电网变化时（±10%的变化是在规定允许范围内），输出直流电压也相应地变化。而稳压电源就应尽量减小这种变化。电压稳定度表征电源对市电电网变化的抑制能力。

表征电源对市电电网变化的抑制能力也用电压调整率 S_v 表示。其电压调整率 S_v 的定义：当电网变化 10% 时输出电压相对变化量的百分比。

$$S_v = \left| \frac{\Delta U_0}{U_0} \right|_{\Delta I_i = 0} \times 100\% \qquad (2-1)$$

式中，S_v 值越小，表示稳压性能越好。

②内阻（r_n）。当负载电流变化时，电源的输出电压也会发生变化，变化数值越小越好。内阻正是表征电源对负载电流变化的抑制能力。

电源内阻 r_n 的定义：当市电电网交流电压不变情况下，电源输出电压变化量 ΔU_0 与输出电流变化量 ΔI_0 之比，即

$$r_n = \left|\frac{\Delta U_0}{\Delta I_0}\right|_{\Delta U_i=0} \qquad (2-2)$$

显然，r_n 越小，抑制能力越强。

③电流调整率 S_I，是指在输入电压 U_i 恒定的情况下，负载电流 I_L 从零变到最大时，输出电压 U_0 的相对变化量的百分比，即

$$S_I = \left|\frac{\Delta U_0}{U_0}\right|_{\Delta U_i=0} \times 100\% \qquad (2-3)$$

从式（2-3）可以看出，S_I 越小，说明电流的调整率越好。电流调整率的大小在一定程度上也反映了内阻 r_n 的大小，它们都是表示在负载电流变化时，输出电压保持稳定的能力。因此，在一般情况下，二者只用其一，在较多的场合均用内阻 r_n 这个指标。

④纹波系数（S_0）。稳压电源输出电压中，存在着纹波，它是输出电压中包含的交流分量。如果纹波电压太大，对音响设备就可能产生杂音，对电视就可能产生图像扭动、滚动干扰等。

输出电压中的交流分量的大小，常用纹波系数 S_0 表示，即

$$S_0 = \frac{U_{mn}}{U_0} \qquad (2-4)$$

式中，U_{mn} 是输出电压中交流分量基波最大值；U_0 是输出电压中的直流分量。由式（2-4）可知，S_0 越小说明纹波干扰越小。

⑤温度系数是用来表示输出电压温度的稳定性。在输入电压 U_i 和输出电流 I_0 不变的情况下，由于环境温度 T 变化引起输出电压 U_0 的漂移量 ΔU_0，称为温度系数 S_T，即

$$S_T = \left|\frac{\Delta U_0}{\Delta T}\right|_{\substack{\Delta I_0=0 \\ \Delta U_i=0}} \qquad (2-5)$$

式中，S_T 越小，说明电源输出电压随温度变化而产生的漂移量越小，电源工作就越稳定。

3. 直流稳压电源的基本操作

（1）直流稳压电源操作要点

①开机。

a. 先将电压调节旋钮旋转到最小位置（一般是逆时针旋转为减小），对于有限流功能的电源，再将稳流旋钮旋转到最小位置。

b. 将直流稳压电源的电源线插头接到交流电插座上，打开直流稳压电源的开关。

②调压。

a. 旋转限流旋钮对稳流数值作适当的调节。

b. 旋转调压旋钮，根据需要调节输出电压值。

③关机。

a. 做完实验后先将全部的调压、限流旋钮旋转到最小位置，再关闭稳压电源开关。

b. 最后再拆连接电路所用的导线。

（2）直流稳压电源使用注意事项

①使用前，应先检查电网电压与直流稳压电源额定输入电压是否一致。

②应注意所需直流电压的极性。如果需要输出正电压，则应先将电源输出端"-"极接用电设备的"地"端，将端子"+"极接所需正电压端。如果需要输出负电压，则需要按上述方法反接一下。

③应检查输出电压是否符合使用要求，以保证用电设备正常可靠地工作。检查内容有：直流稳压电源输出电压的大小、调节范围、稳定程度、纹波电压及过流保护。

④稳压电源的开关不能作为电路开关随意开和关。

⑤应在规定的环境条件下使用直流稳压电源。

任务实施

1. 课前准备

课前完成线上学习，熟悉 YB1713 型直流稳压电源面板装置按钮的功能及作用。

2. 任务引导

（1）准备工作

①准备仪器：小组讨论，将观察直流稳压电源所用器材名称、型号、数量、作用填入表2-1中。

表2-1 测量器材

序号	器材名称	型号	数量	作用
1				
2				
3				
4				

②使用前请先仔细阅读使用说明书。

③按图2-4所示连接线路，将电源线接入220V/50Hz电源，把输出幅度调节旋钮置于逆时针旋到底的起始位置，然后开机预热片刻，使仪器稳定工作后使用。

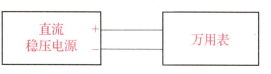

图2-4 直流稳压电源的使用

（2）完成练习题

①直流稳压电源的功能是_____。

②将交流电变为直流电的电路称为_____。

③直流稳压电源的额定输入电压是_____。

④直流稳压电源的最大输出电压是_____。

⑤直流稳压电源的最小输出电压是_____。

⑥直流稳压电源跟踪的意思是_____；有_____跟踪、_____跟踪。

⑦直流稳压电源产生56V输出的操作是_____。

⑧直流稳压电源内阻的大小表征直流稳压电源对_____的能力。

⑨表征直流稳压电源的稳压性能技术参数是_____。

⑩直流稳压电源中滤波电路的目的是_____。

A. 将交直流混合量中的交流成分滤掉　　B. 将高频变为低频　　C. 将交流变为直流

（3）调节、观察直流稳压电源的输出电压范围

在使用本仪器使用之前，可对其进行设置工作状态，在并联跟踪、串联跟踪、单路输出三种情况下检查直流稳压电压的输出范围。并记录在表2-2中。

表2-2　直流稳压电源的输出电压范围检查

序号	检查项目	检查方法	万用表测量输出范围	是否正常
1	单路输出1			
2	单路输出2			
3	并联跟踪			
4	串联跟踪			

3. 任务评价

对任务完成情况进行检查与评价，将自我评价、小组评价及教师评价得分分别填入表2-3中。

表2-3　检查与评价

任务序号		项目观测点	配分	评分标准（扣完为止）	操作人员				完成工时		
					自我评价	得分	小组评价	得分	教师评价	得分
1	任务实施	仪器、导线选择	5	选择错每个扣2分						
2		仪器接线	5	接线不规范每处扣1分						
3		电源检查	5	没完成自检每项扣2分						
4		仪器操作规范	10	不规范操作每次扣5分						
5		仪器读数	10	读数错误每次扣2分						
6		数据记录规范	10	每处扣1分						
7		完成工时	5	超时5分钟扣1分						
8		安全文明	5	未安全操作、整理实训台扣5分						

续表

任务序号	项目观测点		配分	评分标准（扣完为止）	操作人员				完成工时	
					自我评价	得分	小组评价	得分	教师评价	得分
9	完成质量	检测方法	15	每错一处扣4分						
10		电压测量误差	20	超出误差范围每处扣2分						
11	专业知识	完成练习题	10	未完成或答错一道题扣1分						
	合计		100							
	加权得分（自我评价×30%+小组评价×30%+教师评价×40%）									
	综合得分									

任务拓展

测试直流稳压电源的电压调整率（S_V）。测试系如图2-5所示，用交流调压器调节市电供给稳压电源的电压大小，输出接可变负载电阻，用万用表监测负载电压变化。

测量电路系统接线图如图2-5，电源输出电压U_0，调节交流调压器

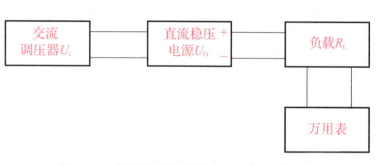

图2-5 直流稳压电源的稳压系数测试系统

改变交流输入电压，监测输出负载电流并调节负载R_L，使$I_0=100mA$不变，同时测量直流稳压电源输出电压U_0，并记录数据，计算将结果填入表2-4中。

表2-4 稳压系数的测量

U_i/V	U_0	电压调整率（S_V）	结果分析
220			
198			
242			
170			
150			

注意：

①在用交流调压器时，要密切监测交流电压，根据直流稳压电源的工作电压范围（如

YB1713 直流稳压电源工作电压范围：198~242V），不能超过上限 242V，否则会烧坏电源。

②要确保直流稳压电源有交流保险管，以防超压损坏电源。

③操作时注意人身安全，规范作业。

任务 2　直流稳压电源的使用

任务描述

熟悉直流稳压电源的特性，能够熟练使用直流稳压电源完成检测操作。

任务分析

了解 YB1700 系列直流稳压电源使用特性，熟悉直流稳压电源面板结构及旋钮按钮的作用，了解其性能指标，掌握直流稳压电源的使用方法和操作技巧，能够熟练使用直流稳压电源完成检测操作。

知识链接

1. YB1700 系列直流稳压电源使用特性

①外形美观、使用方便，精度高，稳定性好。

②具有稳压稳流功能，双路具有跟踪功能，串联可产生 64V 电压。

③纹波小。

④输出调节分辨率高。

2. 保养和储存

①小心轻放。

②经常用干净软布擦拭显示窗口。

③储存最佳室温：-10℃ ~ +60℃。

3. YB1700 系列直流稳压电源面板

YB1700 系列直流稳压电源面板、实物及控制键作用。以 YB1731 为例，如图 2-6、图 2-7 及表 2-5 所示。

项目二 直流稳压电源的使用

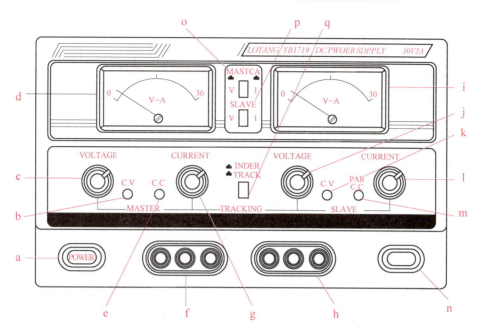

图 2-6　YB1731 直流稳压电源面板图

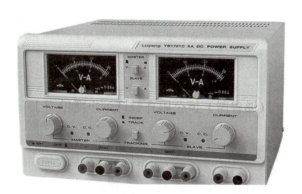

图 2-7　YB1731 直流稳压电源实物

表 2-5　面板功能键及其作用

序号	名称	作用
a	电源开关（POWER）	弹出为"关"位置，将电源线接入，电源开关按入，电源接通
b	恒压指示灯（C.V）	当此路处于恒压状态时，C.V 指示灯亮
c	电压调节旋钮（VOLTAGE）	单路直流稳压电源中，此为输出电压粗调旋钮；多路直流稳压电源中，此为主路输出电压调节旋钮。顺时针调节，输出电压由小变大；逆时针调节，输出电压由大变小
d	显示窗口	多路直流稳压电源中，此窗口显示主路输出电压或电流
e	恒流指示灯（C.C）	多路直流稳压电源中，当主路处于恒流状态时，此灯亮
f	输出端口	单路直流稳压电源中，此为输出端口。 多路直流稳压电源中，此为主路输出端口
g	电流调节旋钮（CURRENT）	单路直流稳压电源中，此为输出电流调节旋钮。 多路直流稳压电源中，此为主路输出电流调节旋钮。顺时针调节，输出电流由小变大；逆时针调节，输出电流由大变小

续表

序号	名称	作用
h	输出端口	此为从路输出端口
i	显示窗口	单路直流稳压电源中，此为电流显示窗口。 多路直流稳压电源中，此窗口显示从路输出电压或电流
j	电压调节旋钮（VOLTAGE）	单路直流稳压电源中，此为输出电压调节旋钮。 多路直流稳压电源中，此为从路输出电压调节旋钮。顺时针调节，输出电压由小变大；逆时针调节，输出电压由大变小
k	恒压指示灯（C.V）	多路直流稳压电源中，此为从路恒压指示灯，当从路处于恒压状态时，此灯亮
l	电流调节旋钮（CURRENT）	单路直流稳压电源中，此为输出电流调节旋钮。 多路直流稳压电源中，此为从路输出电流调节旋钮。顺时针调节，输出电流由小变大；逆时针调节，输出电流由大变小
m	恒流指示灯（C.C）	单路直流稳压电源中，此灯为恒流指示灯，当输出处于恒流状态时，此灯亮。 多路直流稳压电源中，此为从路恒流指示灯
n	输出端口	此为固定+5V输出端口
o	主路电压/电流开关（V/I）	多路直流稳压电源中，此开关弹出，左边窗口显示为主路输出电压值；此开关按入，左边窗口显示为主路输出电流值
p	从路电压/电流开关（V/I）	多路直流稳压电源中，此开关弹出，右边窗口显示为从路输出电压值；此开关按如入，右边窗口显示为从路输出电流值
q	跟踪（TRACK）	多路稳压电源中，当此开关按入，主路与从路的输出正端相连，为并联跟踪；调节主路电流或电压，从路的输出电流（电压）跟踪主路的变化。主路的负端接地，从路的正端接地，为串联跟踪

4. YB1700 系列直流稳压电源技术参数

YB1700 系列直流稳压电源技术参数如表 2-6 所示。

表 2-6　YB1700 系列直流稳压电源技术参数

型号		YB1700 系列（YB1731）		
工作电压		198~242V		
输出电压		0~30V		
输出电流		0~2A	0~3A	0~5A
负载效应（电流调整率）	CV	$5\times10^{-4}+2\text{mV}$		
	CC	20mA		
源效应（电压调整率）	CV	$1\times10^{-4}+0.5\text{mV}$		
	CC	$1\times10^{-4}+5\text{mA}$		

续表

纹波及噪声	CV	1mVrms
	CC	1mArms
输出调节分辨率	CV	20mV
	CC	50mA
相互效应	CV	$5\times10^{-5}+1mV$
	CC	<0.5mA
跟踪误差		±1%+10mV
显示精度		2.5 级

5. YB1700系列直流稳压电源的基本操作

检查接线后，将电源线接入电源的交流插孔。如表 2-7 所示设定各控制键。

表 2-7　面板功能的设置

电源（POWER）	电源开关键弹出	电源线	接上交流 200V 电源
电压调节旋钮（VOLTAGE）	调至中间位置	跟踪开关（TRACK）	置弹出位置
电流调节旋钮（CURRENT）	调至中间位置	+GND-	"−"端接地
电压/电流开关（V/I）	置弹出位置		

所有控制键如上设置后，打开电源，一般检查如下各项。

①调节电压调节旋钮，显示窗口的电压值应相应变化。顺时针调节电压调节旋钮，指示由小变大，逆时针调节时，指示由大变小。

②输出端口应有输出。

③电压/电流开关按入，表头指示值应为零，当输出端口接上相应的负载，表头应有指示，顺时针调节电流调节旋钮，指示由小变大，逆时针调节时，指示由大变小。

④跟踪开关按入，主路负端接地，从路正端接地。若调节主路电压调节旋钮，从路显示窗口应同主路一致。

⑤固定 5V 输出端口，应有 5V 输出。

任务实施

1. 课前准备

课前完成线上学习，熟悉直流稳压电源性能指标、熟悉 YB1700 系列直流稳压电源的面板装置按钮的布局、功能及作用。

2. 任务引导

（1）准备工作

①准备仪器：小组讨论，列出观察直流稳压电源使用所用器材名称、型号、数量、作用填入表2-8中。

表2-8 测量器材

序号	器材名称	型号	数量	作用
1				
2				
3				
4				

②使用前请先仔细阅读使用说明书。

③按图2-8所示连接线路，将电源线接入220V/50Hz电源，把输出幅度调节旋钮置于逆时针旋到底的起始位置，然后开机预热几分钟，使仪器稳定工作后使用。

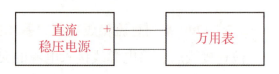

图2-8 直流稳压电源的使用

④电源检查。在使用本仪器进行测试工作之前，可对其进行电源检查，以确定仪器工作工作环境正常与否。

（2）完成练习题

①用直流稳压电源前，应确认的工作是_____。

②直流稳压电源输出负电压的方法是_____。

③YB1731直流稳压电源输出单路电压的操作方法是_____。

④确定YB1731直流稳压电源输出电压范围的方法是_____。

⑤为了获得较大的输出电压，YB1731直流稳压电源应采用的操作是_____。

（3）直流稳压电源输出电压准确度测试

测量直流稳压电源输出电压。接线如图2-8。电源分别输出为5V、15V、30V时，用电压表测量其实际值，计算误差。测量数据填入表2-9中。

表2-9 直流稳压输出电压准确度测量

电源输出标称值 U_2/V	电压表读数 U_1/V	准确度 $\gamma = \mid U_2 - U_1 \mid / U_1$
5		
15		
30		
误差分析		

（4）直流稳压电源输出纹波电压的测试

用示波器观察和测量直流稳压电源输出纹波、噪声波形和电压。接线如图2-9所示。电源分别输出为 30V、15V、5V 时，用电压表测量纹波电压。测量数据填入表 2-10 中。

开启稳压电源，将示波器接地线与电源零线连接，示波器调至交流耦合挡。探头接稳压电源输出端，查看示波器上的波形，可降低档位并锁定图形进行细致观察，所看到的峰峰值就是纹波和噪声电压。

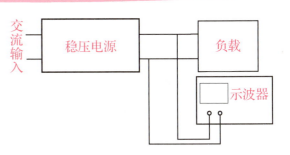

图 2-9 直流稳压电源纹波电压测试

表 2-10 纹波电压测量

电源输出 标称值 U_2/V	观察波形 （是否有波形）	峰峰值 U_{PP}/mV	纹波来源分析
5			
15			
30			

3. 任务评价

对任务完成情况进行检查与评价，将自我评价、小组评价及教师评价得分分别填入表 2-11 中。

表 2-11 检查与评价

任务序号		项目观测点	配分	评分标准（扣完为止）	操作人员		完成工时			
					自我评价	得分	小组评价	得分	教师评价	得分
1	任务实施	仪器、导线选择	5	选择错每个扣 2 分						
2		仪器接线	5	接线不规范 每处扣 1 分						
3		稳压电源初始状态调整	5	没完成 每项扣 2 分						
4		仪器操作规范	10	不规范操作 每次扣 5 分						
5		仪器读数	10	读数错误 每次扣 2 分						
6		数据记录规范	10	每处扣 1 分						
7		完成工时	5	超时 5 分钟扣 1 分						
8		安全文明	5	未安全操作、 整理实训台扣 5 分						

任务序号		项目观测点	配分	评分标准（扣完为止）	操作人员		完成工时			
					自我评价	得分	小组评价	得分	教师评价	得分
9	完成质量	检测方法	15	失真每处扣 2 分						
10		电压测量误差	20	超出误差范围每处扣 2 分						
11	专业知识	完成练习题	10	未完成或答错一道题扣 1 分						
	合计		100							
加权得分（自我评价×30%＋小组评价×30%＋教师评价×40%）										
综合得分										

任务拓展

直流稳压电源输出特性测量

一台稳压电源，当负载电阻改变时，负载电流即电源的输出电流就要改变，这个变化必将引起输出电压的变化。输出电压 U_0 和负载电流 I_L 之间的关系我们称为电源的输出特性。

按照图 2-10 搭建测试电路，电源输出标称电压，改变负载，监测输出电流和输出电压的变化，记录数据，填入表 2-12 中，在图 2-11 坐标纸上描绘出电源的输出特性曲线，并根据所测得的数据和输出特性曲线，分析电源的稳压性能。

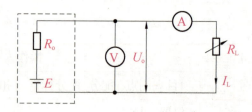

图 2-10　直流稳压电源输出特性测试电路

表 2-12　直流稳压电源输出电流、输出电压测量数据表

电源输出电压（标称值）＝（　　）V			
序号	I_L（测量值）	U_0（测量值）	电压变化（差值）
1			
2			
3			
4			
5			
6			
7			
8			
分析稳压性能			

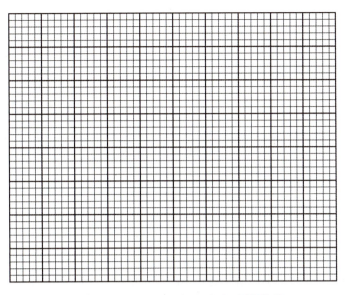

图 2-11　直流稳压电源输出特性曲线

思考与练习 2

1. 稳压电路使直流输出电压不受_____或_____的影响。
2. 直流稳压电路的作用是当电网电压波动、负载和温度变化时,维持_____稳定。
3. 整流电路将_____电压变成脉动的_____电压。
4. 串联型稳压电路是靠调整管作为_____元件。从负反馈放大器的角度来看,这种电路属于_____负反馈电路。调整管连接成射极跟随器,输出电压与基准电压成_____比,与反馈系数成_____比。当基准电压与反馈系数已定时,输出_____也就确定了。反馈越深时,调整作用越_____,输出电压也就越_____。
5. 直流稳压电源的组成有哪些电路?各有什么作用?
6. 直流稳压电源中需要稳压电路的原因是什么?
7. 试列出测量直流稳压电源纹波电压的步骤。
8. 列出直流稳压电源的性能指标有哪些?技术指标有哪些?

项目三

万用表的使用

学习目标

知道技术性能指标，熟悉万用表的测量功能和面板按键和旋钮功能与作用；掌握正确使用万用表的方法，会用万用表测量电路物理量和电子元器件的基本参数及注意事项。通过万用表测量电阻、电压、电流的实际训练，掌握基本的操作技能，为生产实践做好知识和技能储备；培养安全操作意识，养成良好的职业习惯，提高职业素养。

任务1 指针式万用表的使用

任务描述

以 MF47 型万用表为例，学习指针式万用表的性能指标、测量功能和基本使用技能，认识万用表的面板旋钮功能与作用，学习万用表的正确用法，测量实际电路中的电阻、电压和电流等物理量并做出记录和分析。

任务分析

根据 MF47 型万用表实物，全面了解万用表的外结构特征，知道面板功能，会读取刻度盘的读数。学习万用表技术指标及含义。

使用 MF47 型万用表，熟悉万用表各挡位的功能、使用方法及注意事项。特别是万用表主要功能：直流电压挡、直流电流挡、电阻（欧姆）挡、交流电压挡及交流电流挡的使用方法。

按照要求对各种元器件、电子线路中的实际检测，并将检测数据如实记录填入相应的表格中，并做出分析。从实际操作的角度掌握指针万用表的使用方法与使用技巧，在实际应用的具体操作和使用过程中需要注意细节，安全规范操作，如实记录数据，认真分析测量结果，真正掌握万用表的使用与维护等操作技能。

知识链接

万用表又称万能表、多用表，是一种多功能、多量程的电工测量仪表。一般万用表可测量直流电流和电压、交流电流和电压、电阻等电路物理量，有的万用表还可以用来测量电容、电感以及晶体二极管、三极管等元件参数。

万用表的类型分为：指针（模拟或机械）式、数字式、台式和便携式等几种。

指针式万用表是以电流表表头为核心部件的多功能测量仪表，测量值由表头指针指示读取数据。数字万用表是由直流电压表为核心部件的多功能测量仪表，测量值由液晶显示屏直接以数字的形式显示，读取方便，有的还有语音提示功能。

1. MF47 型万用表

MF47 型万用表是设计新颖的磁电整流式多量程万用电表。可供测量交直流电流、交直流电压、直流电阻等，具有 26 个基本量程和电平、电容、电感、晶体管直流参数等 7 个附加参考量程，适合于电子仪器、无线电电讯、电工、工厂、实验室等广泛使用的便携式万用电表。

（1）结构特点

MF47 型万用电表造型大方、设计紧凑、结构牢固、携带方便，零部件均选用优良材料及工艺处理，具有良好的电气性能和机械强度，其使用范围可替代一般中型万用电表，具有以下特点。

①测量机构采用高灵敏表头，性能稳定，并置于单独的表壳之中，保证密封性和延长使用寿命，表头罩采用塑料框架和玻璃相结合的新颖设计，避免静电的产生，而保持测量精度。

②线路板采用塑料压制，保证可靠、耐磨、整齐、维修方便。

③测量机构采用硅二极管保护，保证电流过载时不会损坏表头，线路中设有 0.5A 保险丝装置以防止误用时烧坏电路。

④设计上考虑了温度和频率补偿，使温度影响小，频率范围宽。

⑤低电阻挡选用 2 号干电池，容量大、寿命长。二组电池装于盒内，换电池时只需卸下电池盖板，不必打开表盒。

⑥若配以专用高压探头还可以测量 25kV 以下直流高压。

⑦设计了一挡晶体管静态直流放大系数检测装置以供在临时情况下检查三极管之用。

⑧标度盘与开关指示盘印制成红、绿、黑三色。颜色分别按交流红色、晶体管绿色、其余黑色对应，使用时读取示数便捷。标度盘共有六条刻度，第一条专供测电阻用；第二条供测交直流电压、电流之用；第三条供测晶体管放大倍数用；第四条供测量电容之用；第五条供测电感之用；第六条供测音频电平。标度盘上装有反光镜，消除视差。

图 3-1　万用表实物图

⑨除交直流2500V和直流10A分别有单独插座之外,其余各挡只须转动一个选择开关,使用方便。

⑩采用整体软塑料测试棒保持长期良好使用。

⑪装有提把,不仅可以携带,而且可在必要时作倾斜支撑,便于读数。

(2)技术指标

MF47型万用表主要技术指标如表3-1所示。

表3-1 MF47型万用表主要技术指标

序号	基本性能	量程范围	灵敏度	精度
1	直流电流（DCA）	0.05mA/0.5mA/5mA/50mA/50mA	0.25V	±2.5%
		10A		±5%
2	交流电流（ACA）	500mA/10A	0.5V	±5%
3	直流电压（DCV）	0.25V/1V/2.5V/10V/50V	20kΩ/V	±2.5%
		250V/1000V/2500V	90kΩ/V	±5%
4	交流电压（ACV）	10V/50V/250V/1000V/2500V	20kΩ/V	±5%
5	直流电阻（Ω）	×1Ω ×10Ω ×100Ω ×1kΩ ×10kΩ ×100kΩ	中心值16.5	±10%
6	电容（C）	C×0.1 C×1 C×10 C×100 C×1k C×10k		
7	电感（L）	20H~1000H		
8	音频电平（dB）	-10dB ~ +22dB	0dB=1mW/600Ω	
9	通路蜂鸣器	R×3Ω	<10Ω	
10	三极管（hFE）	R×10hFE 0hFE~1000hFE		
11	负载电压（LV）	0~1.5V	R×1/R×1kΩ	
		0~10.5V	R×10kΩ	
12	电池电力（BATT）	1.2~3.6V	$R_L=12Ω$	
13	红外线遥控	1~30cm	垂直角度±15°	

（3）万用表面板结构

MF47型万用表面板分布如图3-2所示，其面板指示刻度、旋钮名称及其功能作用如表3-2所示。

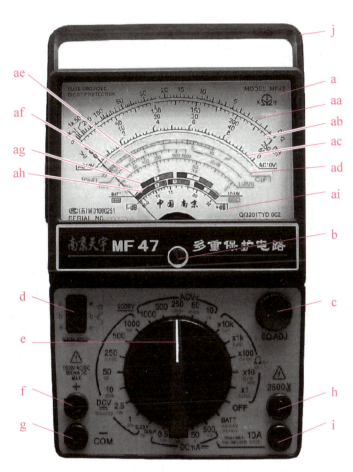

图3-2　MF47型万用表面板分布图

表3-2　MF47型万用表面板功能

序号	名称	作用	备注
a	刻度盘	物理量指示刻度	
aa	电阻挡刻度线	测量电阻	第一条黑色刻度线
ab	交直流挡刻度线	测量交流电压、直流电压、直流电流	第二条黑色刻度线
ac	交流10V挡刻度线	测量交流10V挡电压	第三条红色刻度线
ad	电容挡刻度线	测量电容量	第四条绿色刻度线
ae	hFE挡刻度线	测量晶体管放大倍数hFE	第五条绿色刻度线
af	LV挡刻度线	测量负载电阻压降	第六条绿色刻度线
ag	电池电力刻度	测量电池电量1.5V/3V	第七条红绿相间刻度线
ah	电池电力刻度	测量电池电量1.2V/2V/3.6V	第八条红绿相间刻度线
b	机械调零旋钮	在非测量情况下，指针调零	

续表

序号	名称	作用	备注
c	欧姆调零旋钮	在测量电阻时，指针欧姆调零	
d	hFE 插孔	测量晶体三极管放大倍数	
e	转换开关	选择测量不同物理量	
f	+表笔插孔	正（红）表笔插孔	
g	-表笔插孔	黑（负）表笔插孔	
h	高压表笔插孔	在 1000V 挡测量 2500V 交直流电压	
i	大电流表笔插孔	在 500mA 挡测量 10A 交直流电流	
j	支架	在测量时，改变万用表旋转倾斜角度，方便读数	

(4) 万用表的使用方法

1) 使用前准备

①为了减小测量误差，在使用前应机械调零。如图 3-3 所示，检查指针是否和刻度上的零点重合，如不重合时，应调整调零旋钮使指针指示在零点。

②将红、黑表笔分别插入"+"插孔和"-"插孔中，如测量大的电流和电压时，即交流直流 2500V 或直流 10A 时，应将红插头分别插到"2500V"或"10A"的插孔中。

2) 电阻挡的使用

测量电阻的步骤：进行欧姆调零、选择量程、测量、读数。

图 3-3　万用表机械调零

①测量电阻时首先应该先将欧姆调零，如图 3-4 所示，即将表笔短接，这时指针发生偏转，然后调整右上角的欧姆调零旋钮，调整后让指针指到零刻度位置（若此时指针调不到零刻度位置，需更换新电池，是其内部 1.5V 电池电压不足造成的）。

②在测量电阻时，首先应将两表笔接到被测电阻的两端，此时查看指针在刻度线上的读数，用读数乘以该挡位的倍数，即为被测电阻的阻值。

③在测量电阻时应注意以下事项。

A. 在测量电阻时，为了减小误差，应尽量使指针指到仪表刻度盘的中间位置。

B. 如测量电路中的电阻时，应先切断电路电源，防止电流串入仪表内部。

C. 特别要注意的是每次换挡位，都要重新欧姆调零。

D. 在测量电阻时不能两手同时捏住电阻和表笔测量，

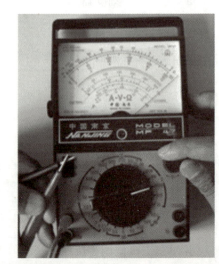

图 3-4　万用表欧姆调零

否则测量时就接入了人体电阻,导致测量结果的阻值偏小。

3) 直流电压挡的使用

测量直流电压的步骤:选择合适的直流电压量程、进行测量、读数。

首先应先估测被测直流电压的大小,如图3-5所示,然后将转换开关拨至合适的量程(注意所测量的电压值不能超过所选的量程),再将红表笔接被测电路的高电位("+")接线端,黑表笔接被测量电路低电位("-")端。然后根据该挡量程和直流电压挡上的指针所指的位置读出被测电压的大小。若不知道被测电压的正负极,一般是假设一端为正极,另一端为负极,先用黑表笔顶住假设的负极,红表笔轻触假设的正极,如果指针顺时针摆动则假设正确,反之假设错误。

测量结果=(指针指示值/满刻度值)×转换开关值

4) 交流电压挡的使用

测交流电压的方法与测量直流电压基本相同,所不同的是因交流电没有正负之分,所以测量交流电压时,表笔也就不需要区分正负极。必须注意的是,测量交流电压时必须选择"交流电压挡",读数方法与上述测量直流电压读法一样,如图3-6所示。

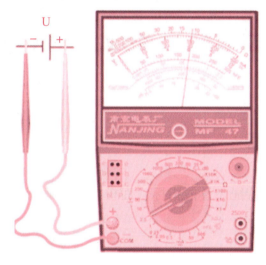

图3-5 直流电压的测量 　　图3-6 交流电压的测量

5) 直流电流挡的使用

测量直流电流时,选择合适的直流电流挡位(测量500mA~10A电流时,红表笔插在10A插孔上,将转换开关置于500mA挡位上),如图3-7所示,然后将万用表串联在被测电路中,红表笔接电流的流入端(高电位端),黑表笔接电流的流出端(低电位端)。若无法估计电流的大小,应选择最高的电流挡位测量,然后根据指针的偏转情况选择合适的挡位;若不知道电流的方向,一般是假

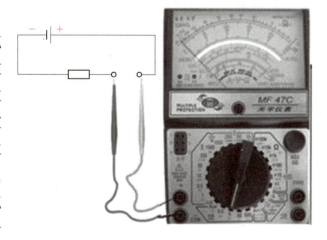

图3-7 直流电流的测量

设一端为高电位端，另一端为低电位端，先用黑表笔顶住假设的低电位端，红表笔轻触假设的高电位端，如果指针顺时针摆动则假设正确，反之假设错误。

测量结果=（指针指示值/满刻度值）×转换开关值

6）交流电流挡位的使用

测量交流电流时，表笔没有正负极之分，方法与测量直流电流相同。

7）指针式万用表使用注意事项

①使用欧姆挡位时不允许带电测量。

②不能用两只手同时捏住表笔的金属部分进行测量电阻，因为这样测量时人体电阻并联于被测量电阻两端，影响测量结果，并且不安全，容易触电。

③测量时应根据指针的位置选择合适的转换开关值，指针摆动过大或过小测量结果都不准确，甚至会损坏万用表，合适的位置是使指针尽量指在表盘刻度线的中间处。

④测量完毕应将转换开关旋转到交流电压的最高挡位上，不能置于电阻挡，防止表笔短接耗尽表内电池的电量。万用表长时间不用时，应将电池取出，防止电池漏液，损坏万用表。

⑤万用表测量电阻时，使用的是内部电源，这时黑表笔是电源的正极，红表笔是电源的负极。

⑥测量100V以上电压时，要养成单手操作习惯，即先将黑表笔固定于零电位处，再单手用红表笔碰触被测量端，以确保人身安全。

任务实施

1. 课前准备

课前完成线上学习，熟悉MF47型万用表结构特征、性能指标、面板按键和旋钮的功能及作用。

2. 任务引导

（1）准备工作

准备仪器：小组讨论，列出任务完成所用器材名称、型号、数量、作用填入表3-3中。

表3-3 测量器材

序号	器材名称	型号	数量	作用
1				
2				
3				
4				

（2）完成练习题

①万用表量程旋转开关选择应遵循先选_____后选_____，量程从大到小选用的原则。

②指针式万用表刻度线分为均匀与非均匀两种，其中测量_____和_____的刻度线为均匀刻度线。

③用 MF47 型万用表测量 500V 左右的交流电压，红色表笔应插入_____孔，旋转开关应置于_____挡位。

④用 MF47 型万用表测量大于 500mA 的直流电压，红色表笔应插入_____孔，旋转开关应置于_____挡位。

⑤万用表使用完毕后，应将旋转开关置于_____的最大挡位。

⑥用万用表测量电阻时，应选适当的倍率，使指针指在中值附近，最好使刻度在_____处的部分，这部分刻度比较精确。

⑦如果不确定被测量电流的大小时，应该选择_____去测量。

⑧使用万用表 R×1 挡，表笔短接调零时，指针调不到零是因为_____。

⑨测量直流时总是红表笔接_____、黑表笔接_____，可以避免极性接反烧坏表头或撞坏表针。万用表使用电阻挡时红表笔为内接电源的_____，黑表笔为内接电源的_____。

⑩测量电压时，把万用表_____在被测量电路端，测量电流时，把万用表_____在电路里。

（3）读数练习

①电压、电流读数练习。

观察图 3-8 刻度盘，完成下面电压、电流读数任务，并把读得的数据填入表 3-4 中。

图 3-8　刻度盘

表 3-4　电压、电流读数值

序号	指针位置	转换开关位置	读数值	备注
1	50 过 2 小格	ACV500		
2	150 过 3 小格	DCV2.5		
3	200 过 3 小格	ACV250		
4	0 过 7 小格	DCmA500		
5	100 过 9 小格	DCV2.5		
6	100 过 3 小格	DCV1000		
7	0 过 6 小格	DCV0.5		
8	50 过 7 小格	ACmA100		
9	200 过 9 小格	ACV250		
10	30 过 1 小格	DCV50		

②电阻读数练习。

观察图 3-8 刻度盘，完成下面电阻读数任务，并把读得数据填入表 3-5 中。

表 3-5　电阻读数值

序号	指针位置	转换开关位置	读数值	备注
1	0 过 9 小格	×1		
2	5 过 6 小格	×1k		
3	15 过 3 小格	×100		
4	30 过 7 小格	×10		
5	50 过 8 小格	×10k		

（4）测量电子元器件

用 MF47 型万用表，测量电阻、电容、二极管、三极管的参数。并将测量数据记录在表 3-6 中。

表 3-6　电子元件参数测量表

名称	挡位	R×1k		R×100		R×10		质量	
电阻	R1								
	R2								
	R3								
二极管	型号	正向	反向	正向	反向	正向	反向	好	坏
	IN4007								
	RL155								
	IN5408								

名称	挡位	R×1k		R×100		R×10		质量	
	型号	b-e 间电阻		b-c 间电阻		c-e 间电阻		好	坏
		正向	反向	正向	反向	正向	反向		
三极管	9012								
	9013								
	D880								
电容	型号	正向	反向	正向	反向	正向	反向	好	坏
	10μF								
	470μF								
	1000pF								

（5）测量直流稳压电源的电路参数

图 3-9 为 12V 直流稳压电源电路原理图，用 MF47 型万用表测量 12V 直流稳压电源电路参数。

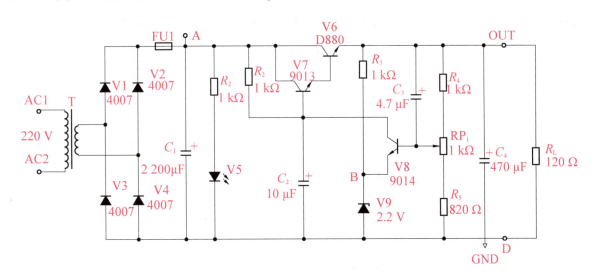

图 3-9 12V 直流稳压电源电路原理图

①测量电源变压器参数。并将测量数据记录在表 5-7 中。

表 3-7 变压器参数

直流电阻		交流电压	
变压器初级	变压器次级	变压器初级	变压器次级

②测量电路各点电压。

用 MF47 型万用表测量三极管各极的工作电压及电路各点电压，测量结果按要求填入表 3-8 中。

表 3-8　电路各点电压和回路电流

三极管	各极电压值			工作状态
	基极	发射极	集电极	
V6				
V7				
V8				
测量点	电路各点电压			工作状态
	U_A（整流滤波后电压）	U_B（基准电压）	U_{OUT}（稳压输出电压）	
测量回路	直流电流			工作状态
	流过负载 R_L		保险管 FU1 处（总电流）	

3. 任务评价

对任务完成情况进行检查与评价，将自我评价、小组评价及教师评价得分分别填入表 3-9 中。

表 3-9　检查与评价

任务序号		项目观测点	配分	评分标准（扣完为止）	操作人员				完成工时	
					自我评价	得分	小组评价	得分	教师评价	得分
1	任务实施	万用表读数	15	选择错误每个扣 1 分						
2		测量电子元件	24	测量方法不规范或错误每处扣 1 分						
3		测量变压器	8	没完成自检每项扣 2 分						
4		测量电源电路电压	8	不规范操作每次扣 5 分						
5		数据记录规范	10	每处扣 1 分						
6		完成工时	5	超时 5 分钟扣 1 分						
7		安全文明	5	未安全操作、整理实训台扣 5 分						
8	完成质量	正确读取数据	5	失真每处扣 2 分						
9		正确使用万用表	10	超出误差范围每处扣 2 分						

续表

任务序号	项目观测点		配分	评分标准（扣完为止）	操作人员		完成工时			
					自我评价	得分	小组评价	得分	教师评价	得分
10	专业知识	完成练习题	10	未完成或答错一道题扣1分						
合计			100							
加权得分 （自我评价×30%＋小组评价×30%＋教师评价×40%）										
综合得分										

任务拓展

用万用表检测电子元件参数，把测得数据填入表3-10中，并做出判断。

1. 可变电阻好坏的检测

方法：如图3-10所示，万用表选用合适的欧姆挡位测量1、3两端电阻，其读数应为电位器的标称阻值；慢慢旋转轴柄，同时测量1、2或2、3两端的电阻，读数应在零到标称值之间变化。

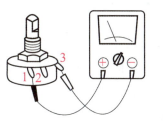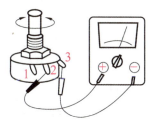

图3-10 电位器的检测

2. 正温度系数热敏电阻（PTC）的特性检测

方法：用万用表R×1挡，可分两步操作。

①在常温下将测出PTC热敏电阻的阻值，并与标称阻值相对比，二者相差不大即为正常，实际阻值若与标称阻值相差过大，则说明其性能不良或已损坏。

②加温检测，将一热源（如烙铁）靠近PTC热敏电阻对其加热，正常时其电阻值应该随温度的升高而迅速增大。

3. 光敏电阻的特性检测

方法：用一张黑纸将光敏电阻的透光窗口遮住，选择万用表的欧姆挡位测量光敏电阻，此时万用表的指针基本保持不动，阻值接近无穷大；将一光源对准光敏电阻的透光窗口，此时万用表的指针应该有较大的摆动，阻值明显减小，以上两次测量结果差值越大越说明光敏电阻性能良好。

4. 扬声器好坏的检测

方法：用万用表R×1挡，测扬声器线圈阻值，正常时阻值为几欧或十几欧（注意：用欧姆挡测量的是扬声器线圈的直流电阻，并非是扬声器上标注的交流阻抗），并且会发出清脆响亮的"哒哒"声。

5. 三极管的电极、类型的判断，放大倍数的测量

三极管是由两个 PN 结、三个电极和管壳组成，三个电极分别叫集电极 c、发射极 e 和基极 b，常见的三极管分为 PNP 型和 NPN 型两类。

方法：测量时一般先找出基极 b，再判断出集电极 c、发射极 e。

（1）找出基极，并判定管型（NPN 或 PNP）

将万用表拨在 R×100 或 R×1k 挡上。红笔接触某一管脚，用黑表笔分别接另外两个管脚，这样就可得到三组读数，如果其中一组数据中二次测量都是几十或几百欧的阻值，说明红表笔所接触的是基极，且为 PNP 型三极管。如果其中一组数据二次测量都接近无穷大，说明黑表笔所接触的是基极，且为 NPN 型三极管，如图 3-11 所示。

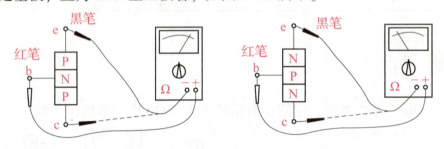

图 3-11 三极管的检测

（2）找出集电极 c、发射极 e，并测出三极管放大倍数 β 值

将量程开关拨到 hFE 位置，把三极管的基极插入放大倍数测试插孔的 b 孔（注意三极管的类型），三极管的剩余两引脚分别插入放大倍数测试插孔的 c、e 两孔。如果指针在放大倍数刻度线指示值为几十到几百，说明三极管的引脚插对了，并且万用表的 c 孔插的就是三极管的集电极，万用表的 e 孔插的就是三极管的发射极。如果指针不动，说明三极管的引脚插错了，应对调剩余两引脚再进行测量。插正确时可读出三极管的放大倍数 β 值。将测量数据记录在表 3-10 中。

表 3-10 电子元件检测数据表

热敏电阻（PTC）					
检测状态	常温	高温	低温	质量	
				好	坏
测量阻值					
光敏电阻					
检测状态	无光	自然光	强光	质量	
				好	坏
测量阻值					
扬声器					
检测项目	标称值	测量值	声响	质量	
				好	坏
测量阻值					

续表

三极管 1					
检测项目	R_{be}	R_{bc}	R_{ce}	管型	放大倍数
测量阻值					
三极管 2					
检测项目	R_{be}	R_{bc}	R_{ce}	管型	放大倍数
测量阻值					

任务 2　数字万用表的使用

任务描述

以 DT9205A 型数字万用表为例，学习数字万用表的基本技术和性能指标以及测量功能，数字万用表的面板按键旋钮功能与作用，学习数字万用表的正确用法和正确读数方法；运用数字万用表测量功能，测量电阻、电容、二极管、三极管等电子元件参数和电路中的交直流电压和电流等物理量，记录测量数据并分析结果。

任务分析

根据 DT9205A 型数字万用表实物，学习万用表的外结构特征及组成，知道面板上的挡位转换开关、功能按键和显示屏显示特点、技术性能指标及含义等知识。

使用 DT9205A 型数字万用表，熟悉万用表各挡位的功能、使用方法及注意事项。特别是万用表主要功能：直流电压挡、直流电流挡、电阻（欧姆）挡、交流电压挡及交流电流挡的使用方法。

按照要求对各种元器件、电子线路中的实际检测，并将检测数据如实记录填入相应的表格中，并做出分析。从实际操作的角度掌握数字万用表的使用方法与使用技巧，在实际应用的具体操作和使用过程中需要注意细节，安全规范操作，如实记录数据，认真分析测量结果，真正掌握万用表的使用与维护等操作技能。

知识链接

数字万用表又叫数字多用表、三用表、复用表，是一种多功能、多量程的测量仪表，一般万用表可测量直流电流、直流电压、交流电压、电阻和音频电平等，有的还可以测交流电流、电容量、电感量及半导体的一些参数。它是一种简单实用、多功能的电子测量仪器，得到了广泛的使用。数字万用表采用先进的数显技术，显示清晰直观、读数准确，它既能保证读数的客观性，又符合人们的读数习惯，能够缩短读数或记录时间。这些优点是传统的模拟式（即指针式）万用表所不具备的。

1. 数字万用表的基本技术指标

（1）分辨率（分辨力）

分辨率也称灵敏度，指数字万用表测量结果的最小量化单位，即可以看到被测信号的微小变化。例如：如果数字万用表在 4V 范围内的分辨力是 1mV，那么在测量 1V 的信号时，你就可以看到 1mV 的微小变化。分辨力是数字万用表的很重要的指标，一般用位数表示，数字万用表的显示位数通常为 $3\frac{1}{2}$ 位 ~ $8\frac{1}{2}$ 位。

分辨率是指仪表能显示的最小数字（零除外）与最大数字的百分比。例如，一般 $3\frac{1}{2}$ 位数字万用表可显示的最小数字为 1，最大数字可为 1999，故分辨率等于 $1/1999 \approx 0.05\%$。数字万用表的分辨力指标亦可用分辨率来表示。

判定数字仪表的显示位数有两条原则。

其一，能显示从 0~9 中所有数字的位数是整位数；

其二，分数位的数值是以最大显示值中最高位数字为分子。

$3\frac{1}{2}$ 位数字万用表，这表明该数字万用表有 3 个整数位，而分数位的分子是 1，分母是 2，故称之为三又二分之一位，读作"三位半"，其最高位只能显示 0 或 1（0 通常不显示），显示位数是 1999。如果用来测量 220V 或 380V 交流电，其分辨力为 1V。

$3\frac{2}{3}$ 位数字万用表（读作"三又三分之二位"），该表有 3 个整数位，最高位只能显示 0~2 的数字，故显示位数是 2999。如果用来测量 220V 交流电，其分辨率为 0.1V；测量 380V 交流电，其分辨力为 1V。

$3\frac{3}{4}$ 位数字万用表，该表有 3 个整数位，最高位可以显示 0~3，故显示位数是 3999。如果用来测量 220V 或 380V 交流电，其分辨力为 0.1V。这与四位半的数字万用表分辨力相同。

$4\frac{1}{2}$ 位数字万用表，该表有 4 个整数位，最高位可以显示 0~1，故显示位数是 19999。如果用来测量 110V 交流电，其分辨力是 0.01V；用来测量 220V 交流电，其分辨力是 0.1V。

普及型数字万用表一般属于 $3\frac{1}{2}$ 位显示的手持式万用表，$4\frac{1}{2}$、$5\frac{1}{2}$ 位（6 位以下）数字万用表分为手持式、台式两种。$6\frac{1}{2}$ 位以上大多是台式数字万用表。

（2）准确度（精度）

数字万用表的准确度是测量结果中系统误差与随机误差的综合。它表示测量值与真值的一致程度，也反映测量误差的大小。一般讲准确度愈高，测量误差就愈小，反之亦然。

精度等级是最小分辨率除以量程算出来的。0.5 等级就是 0.5% 的意思，0.1% 是 0.1

等级。

对于数字万用表来说，精度通常使用读数的百分数表示。例如，1%的读数精度的含义是：数字万用表的显示是100.0V时，实际的电压可能会在99.0～101.0V。数字万用表的典型基本精度在读数的±（0.7%+1）～±（0.1%+1）之间，甚至更高。三位半可达到±0.5%，四位半可达到0.03%等。

分辨率与准确度属于两个不同的概念，前者表征仪表的"灵敏性"，即对微小电压的"识别"能力；后者反映测量的"准确性"，即测量结果与真值的一致程度。二者无必然的联系，因此不能混为一谈。

从测量角度看，分辨力是"虚"指标（与测量误差无关），准确度才是"实"指标（它决定测量误差的大小）。因此，任意增加显示位数来提高仪表分辨力的方案是不可取的。

（3）测量范围

在多功能数字万用表中，不同功能均有其对应的可以测量的最大值和最小值。例如：$4\frac{1}{2}$位万用表，直流电压挡的测试范围是0.01mV～1000V。

（4）测量速率

测量速率就是数字万用表每秒钟对被测电量的测量次数，其单位是"次/s"。它主要取决于A/D（模/数）转换器的转换速率。

有的手持式数字万用表用测量周期来表示测量的快慢。完成一次测量过程所需要的时间叫测量周期。测量速率与准确度指标存在着矛盾，通常是准确度愈高，测量速率愈低，二者难以兼顾。解决这一矛盾可在同一块万用表设置不同的显示位数或设置测量速度转换开关，增设快速测量挡，该挡用于测量速率较快的A/D转换器；通过降低显示位数来大幅度提高测量速率，此法目前应用的比较普通，可满足不同技术指标对测量速率的需要。

（5）输入阻抗

测量电压时，仪表应具有很高的输入阻抗，这样在测量过程中从被测电路中吸取的电流极少，不会影响被测电路或信号源的工作状态，能够减少测量误差。例如：$3\frac{1}{2}$位手持式数字万用表的直流电压挡输入电阻一般为10MΩ。交流电压挡受输入电容的影响，其输入阻抗一般低于直流电压挡。

测量电流时，仪表应该具有很低的输入阻抗，这样接入被测电路后，可尽量减小仪表对被测电路的影响，但是在使用万用表电流挡时，由于输入阻抗较小，所以较容易烧坏仪表，请用户在使用时注意。

2. DT9205A型数字万用表

DT9205A型数字万用表以大规模集成电路、双积分A/D（模/数）转换器为核心，配以全功能过载保护电路，可用来测量直流和交流电压、电流、电阻、电容、二极管、三极管、温度、频率、电路通断等参量。

（1）结构特点

如图3-12所示，DT9205A型数字万用表的液晶显示屏幕采用高反差70mm×40mm大屏幕，字高达25mm。按观察位置需要，显示屏幕可视角度约70°，以获得观察效果。新优化设

电子测量仪器

计的高可靠量程/功能旋转开关结构。具有以下特点。

①功能选择具有 32 个量程。量程与 LCD 有一定的对应关系：选择一个量程，如果量程是一位数，则 LCD 上显示一位整数，小数点后显示三位小数；如果是两位数，则 LCD 上显示两位整数，小数点后显示两位小数；如果是三位数，则 LCD 上显示三位整数，小数点后显示一位小数；有几个量程，对应的 LCD 没有小数显示。

②$3\frac{1}{2}$ 位液晶显示，读数刷新速率（即测量速率）为 2~3 次/s。

③过量程时，LCD 的第一位显示"1"，其他位没有显示。

④最大显示值为"1999"（液晶显示的后三位可从 0 变到 9，第一位从 0 到 1 只有两种状态，这样的显示方式叫做三位半）。

⑤自动负极性"−"指示；有自动校零功能。

⑥配有内置和外接热电偶，可测量环境温度和电路板上的温度。

⑦内置蜂鸣器和指示灯，用于表示电路通断及高低电平等。

⑧机内保险，对全量程进行过载保护。

⑨具有自动关机功能，节省电量。

⑩电池电量不足指示。

图 3-12 数字万用表实物图

（2）技术指标

DT9205A 型数字万用表主要技术指标如表 3-11 所示。

表 3-11　DT9205A 型数字万用表主要技术指标

序号	基本性能	量程范围	分辨率（灵敏度）	准确度（精度）
1	直流电压	200mV	100μV	±（0.5%+2）
		2V	1mV	
		20V	10mV	
		200V	100mV	
		1000V	1V	±（0.8%+2）
2	交流电压	200mV	100μV	±（1.2%+3）
		2V	1mV	±（0.8%+3）
		20V	10mV	
		200V	100mV	
		750V	1V	±（1.2%+3）
3	直流电流	2mA	1μA	±（1.2%+2）
		20mA	10μA	
		200mA	100μA	±（1.4%+2）
		20A	10mA	±（2.0%+2）

续表

序号	基本性能	量程范围	分辨率（灵敏度）	准确度（精度）
4	交流电流	2mA	1μA	±(1.2%+3)
		20mA	10μA	
		200mA	100μA	±(1.8%+3)
		20A	10mA	±(3.0%+7)
5	电阻	200Ω	0.1Ω	±(1.0%+2)
		2kΩ	1Ω	±(0.8%+2)
		20kΩ	10Ω	
		200kΩ	100Ω	
		2MΩ	1kΩ	
		20MΩ	10kΩ	±(1.2%+2)
		200MΩ	100kΩ	±(5.0%+10)
6	电容	2nF	1pF	±(4.0%+5)
		20nF	10pF	
		200nF	100pF	
		2μF	1nF	
		20μF	10nF	
		200μF	100nF	
		2000μF	1μF	
7	频率	2kHz	1Hz	±(2.0%+5)
		20kHz	10Hz	±(1.5%+5)

（3）面板结构

D79205A型万用表面板分布如图3-13所示，其面板指示刻度、旋钮名称及其功能作用如表3-12所示。

图3-13　DT9205A型数字万用表面板分布图

表 3-12 DT9205A 型数字万用表面板功能

序号	名称	作用
1	高清屏幕	显示测量值的数字
2	hFE 插孔	晶体三极管放大倍数 hFE 参数测试，可测 NPN 型、PNP 型晶体管。测试条件：基极电流 I_b 约为 10μA，U_{ce} 约 3V
3	量程转盘	选择测量不同物理量及量程范围转换
4	直流电压挡	直流电压量程范围指示，分五挡：200mV、2V、20V、200V、1000V
5	交流电压挡	交流电压量程范围指示，分四挡：2V、20V、200V、750V
6	交流电流挡	交流电流量程范围指示，分四挡：2mA、20mA、200mA、20A
7	红色表笔插孔	接红表笔
8	黑色表笔插孔	接黑表笔
9	毫安电流插孔	用毫安挡测量时，红表笔插孔
10	20A 电流插孔	用 20A 电流挡时，红表笔插孔
11	直流电流挡	直流电流量程范围指示，分四挡：2mA、20mA、200mA、20A
12	电容 F 挡	电容量程范围指示，分五挡：20nF、200nF、2μF、20μF、200μF。电容测量时会自动校零
13	三极管挡	测量晶体三极管放大倍数挡位
14	蜂鸣器/二极管	电路通断及二极管测量，当两测试点间电阻小于 30Ω 时，蜂鸣器会发声，同时发光二极管会发光。正负极性测试，显示正向压降值，反接时显示过量程符号"1"。测试条件：正向直流电流约 10μA，反向直流电压约为 3V
15	电阻挡	测量电阻量程范围指示，分七挡：200Ω、2kΩ、20kΩ、200kΩ、2MΩ、20MΩ、200MΩ
16	指示灯	电源/工作指示
17	数据保持按钮	按一次保持测量数据显示，再次按一次该按钮可解除
18	硅胶护套	保护数字万用表外壳

（4）数字万用表的使用方法

1）使用前准备

①使用前，应认真阅读 DT9205A 型数字万用表的使用说明书，熟悉电源开关、量程开关插孔、特殊插口的作用。

②将 ON/OFF 开关置于 ON 位置，检查电池，如果有电池电压不足显示，这时则须更换电池。

③表笔插入插孔前注意标注的输入电压或电流不应超过指示值，这是为了保护内部线路免受损伤。

④功能开关应置于所需要的量程。

2）数字万用表的使用

①电源开关。电源开关处于按下状态时，电源接通，显示屏上有"1""0"或变化不定的数字显示，此时即可进行测量。该仪表具有自动断电功能，开机约15min后会自动关机，重复电源开关操作即可开机。

②直流电压挡的使用。首先将黑表笔插进"COM"插孔，红表笔插进"VΩ"插孔。把旋钮选到比估计值大的量程（注意：表盘上的数值均为最大量程，"V-"表示直流电压挡），接着把表笔接被测电路两端，保持接触稳定。数值可以直接从显示屏上读取，若显示为"1"，表明量程太小，就要需加大量程后再测量。如果在数值左边出现"-"，则表明表笔极性与实际电源极性相反，此时红表笔接的是负极，如图3-14所示。

③交流电压挡的使用。表笔插孔与直流电压的测量一样，不过应该将旋钮打到交流挡"V~"处所需的量程。如图3-15所示，交流电压无正负之分，测量方法跟前面相同。无论测交流还是直流电压，都要注意人身安全，不要随便触摸表笔的金属部分。

图3-14 用直流电压挡测电池电压

图3-15 用交流挡测量市电交流电压

④直流电流挡的使用。如图3-16所示测量直流电流。先将黑表笔插入"COM"插孔。若测量大于200mA的电流，则要将红表笔插入"20A"插孔并将旋钮打到直流"20A"挡；若测量小于200mA的电流，则将红表笔插入"200mA"插孔，将旋钮打到直流200mA以内的合适量程。调整好后，就可以测量了。将万用表串进电路中，保持稳定，即可读数。若显示为"1"，那么就要加大量程；如果在数值左边出现"-"，则表明电流从黑表笔流进万用表。

⑤交流电流挡的使用。如图3-17所示测量交流电流。测量方法与直流电流的测量相同，不过挡位应该打到交流挡位"A~"处，电流测量完毕后应将红笔插回"VΩ"插孔，若忘记这一步而直接测电压，可能会将数字万用表烧毁，切记。

⑥电阻挡的使用。如图3-18所示测量电阻。将表笔插进"COM"和"VΩ"插孔中，把挡位旋钮旋到"Ω"中所需的量程，用表笔接在电阻两端金属部位，测量中可以用手接触电阻，但不要用手同时接触电阻两端，这样会影响测量精度。读数时，要保持表笔和电阻有良好的接触；注意单位：在"200"挡时单位是"Ω"，在"2k"到"200k"挡时单位为"kΩ"，"2M"以上的单位是"MΩ"。

   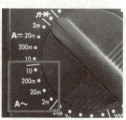

图 3-16　用直流电流挡测量直流电流　　　　图 3-17　用交流电流挡测量交流电流

⑦蜂鸣器/二极管挡的使用。如图 3-19 所示用蜂鸣器/二极管挡测量整流二极管、发光二极管等。测量时，表笔位置与电压测量一样，将旋钮旋到 "—▷|—" 挡；用红表笔接二极管的正极，黑表笔接负极，这时会显示二极管的正向压降。肖特基二极管的压降是 0.2V 左右，普通硅整流管（1N4000、1N5400 系列等）约为 0.7V，发光二极管为 1.8~2.3V。调换表笔，显示屏显示 "1" 则为正常，因为二极管的反向电阻很大；否则二极管已被击穿。当两测试点间电阻小于 30Ω 时，蜂鸣器会发声。

（a）测量整流二极管　　（b）测量发光二极管

图 3-18　用电阻挡测量电阻　　　　图 3-19　用蜂鸣器/二极管挡测量二极管

⑧三极管挡的使用。如图 3-20 所示测量三极管放大倍数。将旋钮旋到 hFE 挡位，将三极管发射极、基极、集电极插入对应的 "E" "B" "C" hFE 插孔中，就可以测量三极管放大倍数。注意区分 PNP 型与 NPN 型管。

⑨电容挡的使用。如图 3-21 所示测量电容，将表笔插进 "COM" 和 "mA" 插孔中，将功能旋钮开关置于欧姆挡最大 200MΩ 挡位，将电容器插入 "C_x" 电容测试座中。注意：连接待测电容之前，注意每次转换量程时，复零需要时间，有漂移读数存在不会影响测试精度；仪器本身已对电容挡设置了保护，故在电容测试过程中不用考虑极性及电容充放电等情况；测量大电容时稳定读数需要一定的时间。

 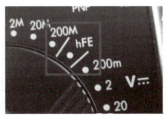  

图 3-20　用 hFE 挡测量三极管放大倍数　　　图 3-21　用欧姆挡测量电容

3) 数字万用表使用注意事项

①如果无法预先估计被测电压或电流的大小，则应先拨至最高量程挡测量一次，再视情况慢慢把量程减小到合适位置。测量完毕，应将量程开关拨到最高电压挡，并关闭电源。

②满量程时，仪表仅在最高位显示数字"1"，其他位均消失，这时应选择更高的量程。

③测量电压时，应将数字万用表与被测电路并联。测电流时应与被测电路串联，测交流量时不必考虑正、负极性。

④当误用交流电压挡去测量直流电压，或者误用直流电压挡去测量交流电时，显示屏将显示"000"，或低位上的数字出现跳动。

⑤禁止在测量高电压（220V 以上）或大电流（0.5A 以上）时转换量程开关，以防止产生电弧，烧毁开关触点。

⑥测量 100V 以上电压时，要养成单手操作习惯，即先将黑表笔固定于零电位处，再单手用红表笔碰触被测量端，以确保人身安全。

任务实施

1. 课前准备

课前完成线上学习，熟悉 DT9205A 型数字万用表结构特征、性能指标、面板装置按钮的功能及作用。

2. 任务引导

（1）准备工作

准备仪器：小组讨论，列出任务完成所用器材名称、型号、数量、作用并填入表 3-13 中。

表 3-13　测量器材

序号	器材名称	型号	数量	作用
1				
2				
3				
4				

（2）完成练习题

①数字万用表的特点是_____、_____、_____、_____。

②数字万用表中分辨率是以能显示的最小数字（零除外）与最大数字的百分比来确定，百分比越小，分辨率就越高。一个三位半数字万用表有可显示的最小数为 1，最大数为 1999，则分辨率为_____。

③HOLD 按钮的作用是_____。

④数字万用表测量电阻时，应将红表笔插入_____插孔，黑表笔插入_____插孔，将量程开关置于_____的范围内并选择所需的量程位置。

⑤测量电阻时，打开万用表的电源，对表进行使用前的检查：将两表笔短接，显示屏应显示_____；将两表笔开路，显示屏应显示_____。以上两个显示都正常时，表明该表可以正常使用，否则将不能使用。

⑥测量电阻时，应将两表笔分别接_____的两端。在测试时若显示屏显示溢出符号"1"，表明量程选的不合适，应改换更_____的量程进行测量；若显示值为_____表明被测电阻已经短路；在量程选择合适的情况下，若显示值为"1"表明被测电阻器的阻值为_____。

⑦使用电压挡应注意以下几点：A. 选择合适的量程，当无法估计被测电压的大小时，应先选_____进行测试。B. 测量电压时，万用表要与被测电路是_____关系。C. 测量较高的电压时，不论是直流，还是交流都要禁止转换开关。D. 测量电压时不要超过所标示的_____。E. 在测量交流电压时，最好把_____表笔接到被测电压的低电位端。F. 数字万用表虽有自动转换极性的功能，为避免测量误差的出现，进行直流测量时，应使_____极性与_____的极性相对应。G. 当测量较高的电压时，不要用手同时去碰触表笔的_____部分。

⑧若测量教室插座的电压时，量程转换开关置于"700"处，显示器上显示"233"，则所测电压值为_____。

⑨使用电流挡时应注意：应把数字万用表_____联到被测电路中，如果被测电流大于 200mA 时应将红表笔插入_____插孔，黑表笔插入_____插孔；如果被测电流小于 200mA 时应将红表笔插入_____插孔；如显示屏显示溢出符号"1"，表示被测电流所选

_____量程，这时应改换更_____的量程；在测量电流的过程中，不能拨动_____。

⑩使用二极管挡时，将红表笔接被测二极管的_____极，黑表笔接被测二极管的_____极，显示屏所显示的值是_____，其单位为_____；如果被测二极管是好的，正偏时，硅二极管的正向压降为_____mV，锗二极管的正向压降为_____mV。

（3）读数练习

1）电阻挡读数

①用不同挡位测量5.1kΩ的电阻，将测量结果填入表3-14中，找出最佳量程挡位。

表3-14　测量5.1kΩ电阻

序号	1	2	3	4	5	6	最佳挡
挡位	200Ω	2kΩ	20kΩ	200kΩ	2MΩ	20MΩ	
显示数字							
测量值							

②识别色环电阻，测量电阻值，填入表3-15中。

表3-15　测量色环电阻

序号	色环颜色	电阻标称值	电阻误差	测量挡位	电阻测量值
R1					
R2					
R3					
R4					
R5					

③在电阻挡不同量程挡位短接红黑表笔，将测量结果填入表3-16中。

表3-16　万用表短接测试

序号	1	2	3	4	5	6	7
挡位	200Ω	2kΩ	20kΩ	200kΩ	2MΩ	20MΩ	200MΩ
显示数字							
测量值							

2）交直流电压挡读数

准备一台交直流电压输出可调电源，按要求进行电压测量。

①测量电源交流电压及市电交流电压，在测量市电交流电压时，注意安全操作。将测量结果填入表3-17中。

表 3-17　测量交流电压

测量项目	选择量程	显示数字	测量值
3V 交流输出			
6V 交流输出			
9V 交流输出			
12V 交流输出			
相电压			
线电压			

②测量电源输出直流电压，将测量结果填入表 3-18 中。

表 3-18　测量直流电流

测量项目	选择量程	显示数字	测量值
3V 直流输出			
5V 直流输出			
12V 直流输出			
24V 直流输出			

（4）测量电子元器件

用数字万用表，测量电阻、电容、二极管、三极管的参数，并将测量数据记录在表 3-19 中。

表 3-19　电子元器件参数测量

名称	序号	型号	挡位	显示数字	测量值	误差	
电阻	R1						
	R2						
	R3						
	序号	型号	挡位	正向	反向	正向	反向	好	坏
二极管	整流二极管								
	发光二极管								
	肖特基二极管								

续表

名称	序号	型号	挡位	显示数字		测量值		误差	
	序号	型号	挡位	b-e 间		b-c 间		类型	
				正向	反向	正向	反向	PNP	NPN
三极管	V1								
	V2								
	V3								
	序号	型号	挡位	显示数字		测量值		误差	
电容	C1								
	C2								
	C3								

（5）测量直流稳压电源的电路参数

1）测量电源变压器参数

图 3-9 为 12V 直流稳压电源电路原理图，用数字万用表测量 12V 直流稳压电源电路参数，将测得的数据按要求填入 3-20 表格中。

表 3-20　变压器参数

直流电阻		交流电压	
变压器初级	变压器次级	变压器初级	变压器次级

2）测量电路各点电压

用数字万用表测量三极管各极的工作电压及电路各点电压，测量结果按要求填入表 3-21 中。

表 3-21　电路各点电压和回路电流

三极管	各极电压值			工作状态
	基极	发射极	集电极	
V6				
V7				
V8				
测量点	电路各点电压			电路工作状态
	U_A（整流滤波后电压）	U_B（基准电压）	U_{OUT}（稳压输出电压）	
测量回路	直流电流			工作状态
	流过负载 R_L	保险管 FU1 处（总电流）		

3. 任务评价

对任务完成情况进行检查与评价，将自我评价、小组评价及教师评价得分分别填入表3-22中。

表3-22 检查与评价

任务序号		项目观测点	配分	评分标准（扣完为止）	操作人员						完成工时
					自我评价	得分	小组评价	得分	教师评价	得分	
1	任务实施	万用表读数	15	选择错误每个扣1分							
2		测量电子元器件	24	测量不规范或错误每处扣1分							
3		测量变压器	8	每处错误扣2分							
4		测量电源电路电压	8	每处错误扣2分							
5		数据记录规范	10	每处扣1分							
6		完成工时	5	超时5分钟扣1分							
7		安全文明	5	未安全操作、整理实训台扣5分							
8	完成质量	正确读取数据	5	失真每处扣2分							
9		正确使用万用表	10	超出误差范围每处扣2分							
10	专业知识	完成练习题	10	未完成或答错一道题扣1分							
合计			100								
加权得分（自我评价×30%+小组评价×30%+教师评价×40%）											
综合得分											

任务拓展

用数字万用表测量二极管、三极管参数并判断其好坏。把测得数据分别填入表3-23、表3-24中，并得出结论。

1. 二极管好坏的检测

方法：用数字万用表的"蜂鸣器/二极管"挡位，红表笔接万用表内部正电源，黑表笔接万用表内部负电源。

表 3-23 二极管检测数据

晶体二极管					
检测项目	正向	反向	晶体二极管型号	选择挡位	好坏
测量值					
光电二极管					
检测状态	正向	反向	光电二极管型号	选择挡位	好坏
有光					
无光					

表 3-24 三极管检测数据

晶体三极管 1　型号：									
检测项目	b-e 之间		b-c 之间		c-e 之间		类型	选择挡位	放大倍数	好坏
	正向	反向	正向	反向	正向	反向				
测量值										
晶体三极管 2　型号：									
检测项目	b-e 之间		b-c 之间		c-e 之间		类型	选择挡位	放大倍数	好坏
	正向	反向	正向	反向	正向	反向				
测量值										
MOS 场效应管								
检测项目	G-S 之间		G-D 之间		D-S 之间		选择挡位	好坏
	正向	反向	正向	反向	正向	反向		
测量值								

红表笔接被测二极管正极，黑表笔接被测二极管负极，被测二极管正向导通，万用表显示二极管的正向导通电压，单位是 mV。通常好的硅二极管正向导通电压应为 500~800mV，好的锗二极管正向导通电压应为 200~300mV。假若显示"000"，则说明二极管被击穿短路，假若显示"1"，则说明二极管正向不通。若反接，被测二极管反向截止，应显示"1"，若显示"000"或其他值，则说明二极管已被反向击穿。

2. 光电二极管性能检测

光电二极管又称为光敏二极管，它是一种将光能转换为电能的特殊二极管，其管壳上有一个嵌着玻璃的窗口，以便于接收光线。光电二极管工作在反向工作区。无光照时，光电二极管与普通二极管一样，反向电流很小（一般小于 0.1μA），光电管的反向电阻很大（几十兆欧以上）；有光照时，反向电流明显增加，反向电阻明显下降（几千欧到几十千欧），即反向电流（称为光电流）与光照成正比。光电二极管可用于光的测量，可当做一种能源（光电池）。它作为传感器件广泛应用于光电控制系统中。

检测方法：光电二极管的检测方法与普通二极管基本相同。不同之处是：有光照和无光照两种情况下，反向电阻相差很大；若测量结果相差不大，说明该光电二极管已损坏或该二极管不是光电二极管。

3. 晶体三极管的电极、类型的判断，放大倍数的测量

方法：测量时一般先找出基极 b，再判断出集电极 c、发射极 e。

（1）找出基极，并判定类型（NPN 或 PNP）用万用表蜂鸣器/二极管挡，先假定 A 脚为基极，用黑表笔与该脚相接，红表笔与其他两脚分别接触；若两次读数均为 0.7V 左右，然后再用红表笔接 A 脚，黑表笔接触其他两脚，若均显示"1"，则 A 脚为基极，否则需要重新测量，且此管为 PNP 管。

（2）找出集电极 c、发射极 e，并测出三极管放大倍数 β 值

如何判断集电极和发射极呢？可以利用"hFE"挡来判断：先将挡位打到"hFE"挡，可以看到挡位旁有一排小插孔，分为 PNP 和 NPN 管的测量。前面已经判断出管型，将基极插入对应管型"b"插孔，其余两脚分别插入"c""e"插孔，此时可以读取数值，即 β 值；再固定基极，其余两脚对调；比较两次读数，读数较大的管脚位置与表面"c""e"相对应。

4. MOS 场效应管的管脚判断

方法：用数字万用表的"蜂鸣器/二极管"挡测量。

先确定 G 极（栅极），若某脚与其他两脚间的正反压降均大于 2V，即显示"1"，此脚即为栅极 G。再交换表笔测量其余两脚，压降小的那次中，黑表笔接的是 D 极（漏极），红表笔接的是 S 极（源极）。

思考与练习3

1. 指针式万用表在使用时，必须（　　），以免造成测量误差。同时还要注意避免外界磁场的万用表的影响。

  A．水平旋转　　　　　　B．垂直旋转　　　　　　C．侧斜旋转

2. 用万用电表欧姆挡测电阻时，下列说法正确的是（　　）。

  A．测量前必须调零，而且每测一次电阻都要重新调零

  B．为了使测量值比较准确，应该用两手分别将两表笔与待测电阻两端紧紧捏在一起，以使表笔与待测电阻接触良好

  C．待测电阻若是连接在电路中，应把它与其他元件断开后再测量

  D．使用完毕应拔出表笔，并把选择开关旋到 OFF 或交流电压最高挡

3. 用万用表测直流电压 U 或测电阻 R 时，若红表笔插入万用表的正（+）插孔，则

(   )。

   A. 前者电流从红表笔流入万用电表，后者从红表笔流出万用电表

   B. 两者电流都从红表笔流入万用表

   C. 两者电流都从红表笔流出万用表

   D. 前者电流从红表笔流出万用表，后者电流从红表笔流入万用表

4. 下列说法中正确的是（   ）。

   A. 欧姆表的每一挡的测量范围是 $0\sim\infty$

   B. 用不同挡的欧姆表测量同一电阻的阻值时，误差大小是一样的

   C. 用欧姆表测电阻时，指针越接近刻度盘中央，误差越大

   D. 用欧姆表测电阻，选不同量程时，指针越靠近右边误差越小

5. 图 3-22 所示是万用表欧姆表的原理示意图，其中电流表的满偏电流为 $I_g = 300\mu A$，内阻 $r_g = 100\Omega$，调零电阻的最大值为 $50k\Omega$，串联的固定电阻为 50Ω，电池电动势 1.5V，用它测量电阻 R_x，能准确测量的阻值范围是（   ）。

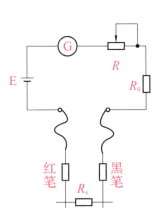

图 3-22 欧姆表原理图

   A. $30\sim80k\Omega$　　　　B. $3\sim8k\Omega$　　　　C. $300\sim800\Omega$　　　D. $30\sim80\Omega$

6. 用万用电表的欧姆挡（×1kΩ）检查性能良好的晶体二极管，发现万用电表的表针向右偏转角度很小，这说明（   ）。

   A. 二极管加有正向电压，故测得电阻很小

   B. 二极管加有反向电压，故测得电阻很大

   C. 此时红表笔接的是二极管的正极

   D. 此时红表笔接的是二极管的负极

7. 甲、乙两同学使用欧姆挡测同一个电阻时，他们都把选择开关旋到"×100"挡，并能正确操作。他们发现指针偏角太小，于是甲就把开关旋到"×1k"挡，乙把选择开关旋到"×10"挡，但乙重新调零，而甲没有重新调零，则以下说法正确的是（   ）。

   A. 甲选挡错误，而操作正确　　　　　B. 乙选挡正确，而操作错误

   C. 甲选挡错误，操作也错误　　　　　D. 乙选挡错误，而操作正确

8. 把一只电阻和一只晶体二极管串联，装在盒子里，盒子外面只露出三个接线柱 A、B、C。如图 3-23 所示，今用万用电表的欧姆挡进行测量，测量的电阻值如表 3-25 所示，试在虚线框画出盒内元件的符号和电路。

表 3-25　测量电阻值

红表笔	A	C	C	B	A	B
黑表笔	C	A	B	C	B	A
阻值	有阻值	阻值同 AC	很大	很小	很大	阻值接近 AC

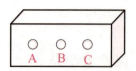 

图 3-23　题 8 示意图

9. 若交流电压挡的量程是 0.25V，读数是 150，则电压的测量值是多少？若量程是 1V，读数是 6，则电压的测量值是多少？

10. 直流挡的量程是 0.05A，电流的测量值是 0.03A，则读数是多少？

11. 数字万用表显示屏显示的是 1.625。

（1）如果挡位是 2kΩ 挡，则读数为＿＿＿＿＿。

（2）如果挡位是 2MΩ 挡，则读数为＿＿＿＿＿。

（3）如果挡位是 2V 挡，则读数为＿＿＿＿＿。

12. 数字万用表显示屏上的小黑点为小数点位置。

（1）当选择电阻 200Ω 挡时，显示数字为 129.4，则测量值为＿＿＿＿＿。

（2）当选择电阻 200kΩ 挡时，显示数字为 31.4，则测量值为＿＿＿＿＿。

（3）当选择电阻 2MΩ 挡时，显示数字为 0.235 则测量值为＿＿＿＿＿。

13. 用"二极管"挡测量二极管反偏电压均应显示为＿＿＿＿＿；若正反向均显示"000"，表明被测二极管已经＿＿＿＿＿，若正反向均显示溢出符号"1"，表明被测二极管内部已经＿＿＿＿＿。

14. 数字万用表测量电容器时，应将红表笔插入＿＿＿＿＿插孔，黑表笔插入＿＿＿＿＿插孔；将量程开关置于＿＿＿＿＿的范围内并选择所需的量程位置；测量电容容量时应将电容器两表笔＿＿＿＿＿，目的是＿＿＿＿＿。如果显示器上显示 2.45，所用量程为 20μF 时，说明被测电容器容量为＿＿＿＿＿。

15. 当把量程转换开关置于"hFE"时，三极管插入相应的插孔，显示器上显示"320"，则该值为＿＿＿＿＿。

16. 关于数字万用表的使用方法错误的是（　　）。

A. 在测量当中注意不要用表笔直接测量线路比较密集的器件，以防无意间将电路板短路而损坏集成块，而应选择和其等电位的线路稀疏的地方测量

B. 测量直流电压和直流电流时，读数为正或者负值都是正常的，正负的测量误差都是一样的

C. 在测量某一电量时，不能在测量的同时换挡，尤其是在测量高电压或大电流时，更应注意。否则，会使万用表毁坏。如需换挡，应先移开表笔，换挡后再去测量

D. 万用表不用时，不要旋在电阻挡和电流挡，可防止直接去测电压而损坏万用表，应将转换开关置于交流电压的最大挡

17. 下列属于数字万用特点的是（　　）。

A. 数字显示直观　　　　　　　　　　B. 准确度高

C. 分辨率高　　　　　　　　　　　　D. 测量速度快

18. 下列关于数字万用表测量电阻方法说法正确的是（　　）。

A. 旋钮开关应旋到"Ω"挡中所需的量程

B. 测量中可用手接触电阻，但不要把手同时接触电阻两端

C. 数值可以直接从显示屏上读取，若显示为"1"，则表明量程太小

D. 当旋转开关位于"200"挡时，数值读取单位是"Ω"

E. 当旋转开关位于"2k"或"200k"挡时，数值读取单位为"kΩ"

19. 下列关于数字万用表测量电压方法说法正确的是（　　）。

A. 旋转开关选择比估计值大的量程

B. 旋转开关位于"V-"表示直流电压挡，位于"V~"表示交流电压挡

C. 表笔接被测电路两端（并联）

D. 数值可以直接从显示屏上读取，若显示为"1"，则表明超量程，那么就要加大量程后再测量

E. 测直流电压时，若在数值左边出现"-"，则表明表笔极性与实际被测电压极性相反，此时红表笔接的是负极

20. 下列关于数字万用表测量电流的说法正确的是（　　）。

A. 若测量大于200mA电流，则要将红表笔插入"10A"插孔并将旋钮打到直流"10A"挡

B. 若测量小于200mA的电流时，则将红表笔插入"200mA"插孔，将旋钮打到直流200mA以内的合适量程

C. 测量时，表笔串联在电路中

D. 若显示为"1"，那么就要加大量程

E. 测量直流电流时，如果在数值左边出现"-"，则表明电流从黑表笔流进万用表

项目四

信号发生器的使用

学习目标

了解信号发生器的类型，知道技术性能指标，熟悉面板旋钮含义与作用，会使用信号发生器输出不同频率、幅度的正弦波、方波和三角波信号，并会对产生的波形进行参数测量。遵守电子仪器仪表的使用规范，保持严谨的科学态度和职业精神。

任务1 函数信号发生器的使用

任务描述

用 EE1641B 型函数信号发生器分别产生 1kHz、10kHz 正弦及方波信号，用示波器观察其波形，并用电压表测量其幅度，并记录。

任务分析

首先熟悉信号发生器面板布局，并调节产生正弦波和方波信号；自己搭建信号测量电路，利用示波器观察波形、周期、幅度、峰峰值并计算出有效值。

调节低频信号发生器，使其输出 1kHz、10kHz 的正弦波及方波信号，用示波器观察输出信号波形，调整低频信号发生器幅度和衰减开关，将分贝衰减器置于 0dB、20dB、40dB、60dB 时，用交流毫伏表测量低频信号发生器输出的正弦波及方波信号的电压。注意在测量不同信号幅度时，要适当调整交流毫伏表的量程才能测量更准确。

知识链接

在电子电路测量中，需要各种各样的信号源，根据测量要求不同，信号源大致可分为三大类：正弦信号发生器、函数（波形）信号发生器和脉冲信号发生器。正弦信号发生器具有波形不受线性电路或系统影响的独特特点。因此，正弦信号发生器在线性系统中具有特殊的意义。

1. 正弦信号频段分类

①超低频信号发生器 0.001~1000Hz。

②低频信号发生器 1Hz~1MHz。

③视频信号发生器 20Hz~10MHz。

④高频信号发生器 30kHz~30MHz。

⑤超高频信号发生器 4~300MHz。

2. 正弦信号发生器的主要质量指标

（1）频率指标

①有效频率范围。指信号源各项技术指标都能得到保证时的输出频率范围。在这一范围内频率要连续可调。

②频率准确度。指信号源频率实际值对其频率标称值的相对偏差。普通信号源的频率准确度一般在±1%~±5%的范围内，而标准信号源的频率准确度一般优于0.1%~1%。

③频率稳定度。指在一定时间间隔内，信号源频率准确度的变化情况。由于使用要求的不同，各种信号源频率的稳定度也不一样。

（2）输出指标

①输出电平范围。这是表征信号源所能提供的最小和最大输出电平的可调范围。一般标准高频信号发生器的输出电压为 0.1μV~1V。

②输出稳定度。有两个含义，一是指输出对时间的稳定度；二是指在有效频率范围内调节频率时，输出电平的变化情况。

③输出阻抗。信号源的输出阻抗视类型不同而异，低频信号发生器一般有输出阻抗匹配变压器，可有几种不同的输出阻抗，常见的有 50Ω、75Ω、150Ω、600Ω 和 5kΩ 等。高频或超高频信号发生器一般为 50Ω 或 75Ω 不平衡输出。

④非线性失真。一般信号发生器的非线性失真应小于 1%，某些测量系统则要求优于 0.1%。

3. EE1641B 型函数信号发生器

函数发生器是一种能产生正弦波、三角波、方波、斜波和脉冲波等信号的装置。常用于科研、生产、维修和实验中。例如在教学实验中，常使用函数发生器的输出波形作为标准输入信号，接至放大器的输入端，配合测试仪器，例如用示波器定性观察放大器的输出端，判断放大器是否工作正常，否则，通过调整放大器的电路参数，使之工作在放大状态；然后，通过测试仪器（例如用毫伏表对输出端进行定量测试），从而获得该放大器的性能指标。

EE1641B 型函数信号发生器是一种精密的测试仪器，如图 4-1 所示。具有连续信号、扫描信号、函数信号、脉冲信号等多种输出信号和外部测频功能。

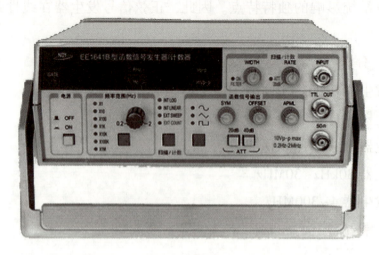

图 4-1 EE1641B 型函数信号发生器

(1) 主要特点

①采用大规模单片集成精密函数发生器电路。

②采用单片微机电路进行周期频率测量和智能化管理，对于输出信号的频率幅度可以直观、准确地了解到。

③该机采用了精密电流源电路，使输出信号在整个频带内均具有相当高的精度，同时多种电流源的变换使用，使仪器不仅具有正弦波、三角波、方波等基本波形，更具有锯齿波、脉冲波等多种非对称波形的输出，同时对各种波形均可以实现扫描功能。

(2) 技术参数

EE1641B 型函数信号发生器技术参数如表 4-1 所示。

表 4-1 EE1641B 型函数信号发生器技术参数

序号	性能	指标
函数信号发生器技术参数		
1	输出频率	0.2Hz～2MHz 按十进制分类，共分 7 挡，每挡均以频率微调旋钮实行频率调节
2	输出信号阻抗	函数输出：50Ω、600Ω，TTL 同步输出：600Ω
3	输出信号波形	函数输出（对称或非对称输出）：正弦波、三角波、方波，TTL 同步输出：脉冲波
4	输出信号幅度	函数输出：峰峰值 10V±10 %（50Ω 负载），峰峰值 20V±10%（1MΩ 负载），TTL 脉冲输出：标准 TTL 幅度
5	函数输出信号直流电平	−5V～+5V 可调（50Ω 负载）
6	函数输出信号衰减	0dB/20dB/40dB 三挡可调
7	输出信号类型	单频信号、扫频信号

续表

序号	性能	指标
函数信号发生器技术参数		
8	函数输出非对称性调节范围	25%~75%
9	扫描方式	内扫描方式：线性/对数扫描方式； 外扫描方式：由 VCF 输入信号决定
10	内扫描特性	扫描时间：10ms ~ 5s； 扫描宽度：<1 个倍频程
11	外扫描特性	输入阻抗：约 100kΩ； 输入信号幅度：0~2V； 输入信号周期：10ms~5s
12	输出信号特征	正弦波失真度：<2%； 三角波线性度：>90%
13	脉冲波上升、下降沿时间	< 100ns。 测试条件：10kHz 频率输出，输出幅度：1V；直流电平为 0V。整机预热 10min；"扫描/计数"为外计数，功能（无外信号）。输入"低通""衰减"打开（灯亮）
14	输出信号频率稳定度	±0.1%。 测试条件：100kHz 正弦波频率输出，输出幅度：峰峰值为 5V 信号，直流电平为 0V；环境温度：15℃~25℃，整机预热 30min
15	幅度显示	显示位数：3 位（小数点自动定位）； 显示单位：峰峰值 V 或峰峰值 mV； 显示误差：V_0±20%（负载电阻为 50Ω）； 分辨率：峰峰值 0.1V（衰减 0dB）； 　　　　峰峰值 10mV（衰减 20dB）； 　　　　峰峰值 1mV（衰减 40dB）
16	频率显示	显示范围：0.2Hz~20000kHz。 在用作信号源输出频率指示时，闸门指示灯不闪亮，显示位数 4 位（其中 500~999 为 3 位）。在外测频时，显示有效位数：5 位 10Hz~20000kHz；4 位 1 ~ 10Hz；3 位 0.2~1 Hz
频率计数器技术参数		
17	频率测量范围	0.2Hz~20000kHz
18	输入电压范围（衰减器为 0dB）	50mV~2V（10Hz~20000kHz） 100mV~2V（0.2~10Hz）
19	输入阻抗	500kΩ/30pF
20	波形适应性	正弦波、方波

续表

序号	性能	指标
频率计数器技术参数		
21	滤波器截止频率	100kHz（带内衰减，满足最小输入电压要求）
22	测量时间	0.1s（f_i>10Hz）；单个被测信号周期（f_i<10Hz）
23	测量误差	时基误差与触发误差（触发误差：单周期测量时被测信号的信号噪声比优于40dB，则触发误差小于或等于0.3%）
24	时基	标称频率：10MHz；频率稳定度：$\pm 5 \times 10^{-5}$
25	电源适应性及整机功耗	电压：220V±10%；频率：50Hz±5%；功耗：<30W

（3）面板装置

EE1641B前面板、后面板布局参见图4-2和图4-3所示。各部分的名称和作用如表4-2所示。

表4-2　EE1641B面板各部分的名称和作用

序号	名称	作用
前面板		
a	频率显示窗口	显示输出信号的频率或外测频信号的频率，单位为kHz和Hz，以对应的指示灯亮为区分
b	幅度显示窗口	显示输出函数信号的幅度（对于50Ω负载时显示峰峰值，对于大于600Ω负载时显示峰值）
c	扫描宽度调节旋钮	在外测频时，调节此电位器可以改变内扫描的时间长短（在外测信号频率很高时，不能跟随进行测量，应打开此开关使外测信号通过带开关进入测量系统），一般情况下，逆时针旋到底（绿灯亮），使外输入测量信号经过低通开关进入测量系统
d	扫描速率调节旋钮	调节此电位器可以改变内扫描的时间长短。在外测频时，逆时针旋到绿灯亮，为外输入测量信号经过衰减"20dB"进入测量系统
e	外部输入插座	当扫描/计数按键功能选择在外扫描或外计数状态时，外扫描控制信号或外测频信号由此输入
f	TTL信号输出端	输出标准的TTL幅度的脉冲信号，输出阻抗为600Ω
g	函数信号输出端	输出多种波形受控的函数信号。输出幅度峰峰值为20V（1MΩ负载）；峰峰值为10V（50Ω负载）

续表

序号	名称	作用
前面板		
h	函数信号输出幅度调节旋钮	调节范围 20dB
i	函数信号输出信号直流电平预置调节旋钮	调节范围-5V~+5V（50Ω 负载），当电位器处在关断位置时（逆时针旋到底），则为 0 电平
j	输出波形对称性调节旋钮	调节此旋钮可改变输出信号的对称性。当电位器处关断位置时（逆时针旋到底），则输出对称信号
k	函数信号输出幅度衰减开关	"20dB" "40dB" 键均不按下，输出信号不经衰减，直接输出到插座口；"20dB" "40dB" 键分别按下，则可选择 20dB 或 40dB 衰减
l	函数输出波形选择按钮	可选择正弦波、三角波、脉冲波输出
m	扫描/计数按钮	可选择多种扫描方式和外测频方式
n	频段选择按钮	每按一次，改变输出频率的一个频段，与函数信号输出幅度调节旋钮协调使用
o	频率微调旋钮	调节此旋钮可微调输出信号频率，调节基数范围 0.2~2
p	整机电源开关	此按键按下时，机内电源接通，整机工作。此键释放为关掉整机电源
后面板		
a	电源插座	交流市电 220V 输入插座
b	保险管座	交流市电 220V 进线保险丝管座，座内保险容量为 0.5A，座内另有一只备用 0.5A 保险丝

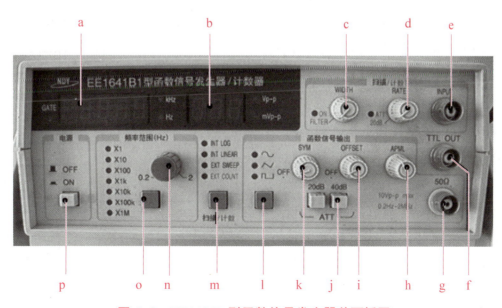

图 4-2　EE1641B 型函数信号发生器前面板图

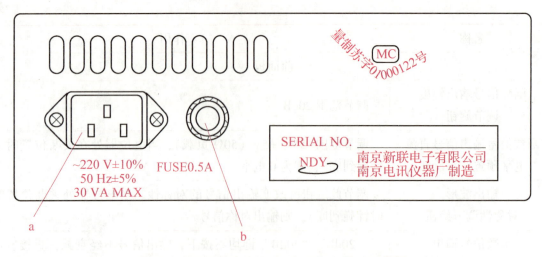

图 4-3　EE1641B 型函数信号发生器后面板图

（4）函数信号源的使用

1）测量、试验的准备工作

请先检查市电电压，确认市电电压在 220V±10% 范围内，方可将电源线插头插入本仪器后面板电源线插座内，供仪器随时开启工作。

2）自校检查

在使用本仪器进行测试工作之前，可对其进行自校检查，以确定仪器工作正常与否。自校检查程序参见图 4-4。

3）函数信号输出

①50Ω 主函数信号输出。

以终端连接 50Ω 匹配器的测试电缆，由前面板函数信号输出端 g 输出函数信号。由频段选择按钮 n 选定输出函数信号的频段，由频率微调旋钮 o 调整输出信号频率，直到所需的工作频率值。

由函数输出波形选择按钮 l 选定输出函数的波形分别获得正弦波、三角波、脉冲波。

由函数信号输出幅度调节旋钮 h 和函数信号输出幅度衰减开关 k 选定和调节输出信号的幅度，其实际输出电压值应根据显示读数与衰减分贝数按表 4-3 来计算。

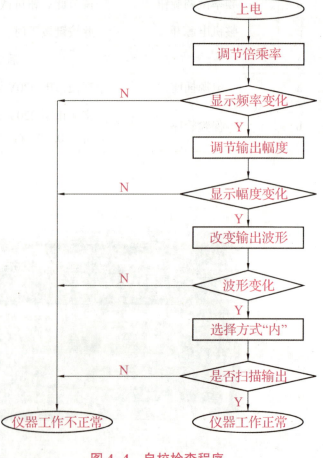

图 4-4　自校检查程序

由函数信号输出信号直流电平预置调节旋钮 i 选定输出信号所携带的直流电平。

输出波形对称性调节旋钮 j 可改变输出脉冲信号占空比，与此类似，输出波形为三角波

项目四 信号发生器的使用

时，可使三角波调变为锯齿波，正弦波调变为正与负半周分别为不同角频率的正弦波形，且可移相 180°。

表 4-3 电压衰减倍数与衰减分贝值换算表

衰减 dB 值	电压衰减倍数	衰减 dB 值	电压衰减倍数
10	3.16	60	1000
20	10	70	3160
30	31.6	80	10000
40	100	90	31600
50	316	100	100000

② TTL 脉冲信号输出。

除信号电平为标准 TTL 电平外，其重复频率、调控操作均与函数输出信号一致。利用测试电缆（终端不加 50Ω 匹配器）由 f 输出 TTL 脉冲信号。

③ 内扫描扫频信号输出。

扫描/计数按钮 m 选定为"内扫描方式"。分别调节扫描宽度调节旋钮 c 和扫描速率调节旋钮 d 即获得所需的扫描信号输出。

函数信号输出端 g、TTL 信号输出端 f 均输出相应的内扫描的扫频信号。

④ 外扫描调频信号输出。

扫描/计数按钮 m 选定为"外扫描方式"。由外部输入插座 e 输入相应的控制信号，即可得到相应的受控扫描信号。

⑤ 外测频功能检查。

扫描/计数按钮 m 选定为"外计数方式"。用本机提供的测试电缆，将函数信号引入外部输入插座 e，观察显示频率应与"内"测量时相同。

⑥ 打开扫描速率调节旋钮 d 和扫描宽度调节旋钮 c，扫描计数选择"INLINEAR"位置，可以输出在某一频率段内频率连续且幅度不变的输出信号，频率段的范围选择可以由频段选择按钮 n 和频率微调旋钮 o 来调整。

任务实施

1. 课前准备

课前完成线上学习，熟悉 EE1641B 型函数信号发生器性能指标、面板装置按钮的功能及作用。

2. 任务引导

（1）准备工作

① 准备仪器：小组讨论，列出观察测量函数信号所用器材名称、型号、数量、作用填入

表4-4中。

表4-4 测量器材

序号	器材名称	型号	数量	作用
1				
2				
3				
4				

②使用前请先仔细阅读测量仪器使用说明书。

③按图4-5所示连接线路,将电源线接入220V/50Hz电源,把函数信号输出幅度调节旋钮置于逆时针旋到底的起始位置,然后开机预热片刻,使仪器稳定工作后使用。

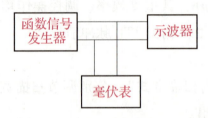

图4-5 低频信号发生器的使用

④自校检查。在使用本仪器进行测试工作之前,可对其进行自校检查,以确定仪器工作正常与否。函数信号发生器自校检查程序参见图4-4所示。自检结果填入表4-5中。

表4-5 自检结果

序号	自检项目	自检方法	观察结果	是否正常
1	显示频率	调节倍乘率		
2	输出幅度	调节输出幅度		
3	输出波形	改变输出波形		
4	扫描输出	选择方式"内"		

(2) 完成练习题

①用函数信号发生器产生一个频率为500Hz的正弦波,则频段选择按钮应置于_____。

②用函数信号发生器产生一个频率为1.5MHz的方波信号,则频段选择按钮应置于_____。

③EE1641B型函数信号发生器最小可产生的频率为_____。

④EE1641B型函数信号发生器产生一个幅度为300mV的正弦波,则函数信号输出幅度衰减开关应置于_____。

⑤EE1641B 型函数信号发生器输出阻抗为_____Ω。

⑥函数信号发生器工作模式选择为外部计数时，此时测频系统做_____使用。

⑦函数信号发生器输出波形对称性调节旋钮置于关位置时，此时输出波形的占空比为_____。

⑧EE1641B 型函数信号发生器共有_____个频段可供选择。

⑨EE1641B 型函数信号发生器 TTL 输出端口输出阻抗为_____Ω。

⑩调节占空比可以改变方波信号的_____电压。

（3）观察信号波形、测量信号参数

①调整函数信号发生器，使其输出 1kHz 的正弦波、方波、三角波信号，用示波器观察输出信号波形，并记录在表 4-6 中。

表 4-6　波形记录

正弦波信号	
频率：	频率：
X 轴每格为_____μs，Y 轴每格为_____V_{PP}；	X 轴每格为_____μs，Y 轴每格为_____V_{PP}
方波信号	
频率：	频率：
X 轴每格为_____μs，Y 轴每格为_____V_{PP}；	X 轴每格为_____μs，Y 轴每格为_____V_{PP}

续表

三角波信号	
频率： X 轴每格为_____μs，Y 轴每格为_____V_{PP}；	频率： X 轴每格为_____μs，Y 轴每格为_____V_{PP}
波形测试中发现的问题及分析： 	

②调整函数信号发生器使其输出 1kHz 的正弦波信号，调整函数开关输出幅度调节旋钮和函数信号输出幅度衰减开关，将分贝衰减器置于 0dB、20dB、40dB、60dB 时，同时用交流毫伏表分别测量信号电压范围。并记录在表 4-7 中。

③调整函数信号发生器，使其输出 1kHz 方波，重复①②的内容。

④调整信号发生器，使其分别输出 10kHz 的正弦波和方波，重复①②的内容。

表 4-7　函数信号测量

信号频率/kHz	1				10			
信号衰减/dB	0	20	40	60	0	20	40	60
正弦波信号电压								
方波信号电压								

⑤用示波器观测，调整信号发生器的开关旋钮（DUTY）改变输出波形的占空比，使其占空比为 1∶1、1∶4 的方波和三角波，测量信号电压，并记录在表 4-8 中。

表 4-8 函数信号测量

占空比	1:1				1:4			
信号衰减	0dB	20dB	40dB	60dB	0dB	20dB	40dB	60dB
方波信号电压								
三角波信号电压								

3. 任务评价

对任务完成情况进行检查与评价,将自我评价、小组评价及教师评价得分分别填入表 4-9 中。

表 4-9 检查与评价

任务序号		项目观测点	配分	评分标准（扣完为止）	操作人员		完成工时			
					自我评价	得分	小组评价	得分	教师评价	得分
1	任务实施	仪器、导线选择	5	选择错误每个扣 1 分						
2		仪器接线	5	接线不规范每处扣 1 分						
3		函数信号源自检	5	没完成自检每项扣 2 分						
4		仪器操作规范	10	不规范操作每次扣 5 分						
5		仪器读数	10	读数错误每次扣 2 分						
6		数据记录规范	10	每处扣 1 分						
7		完成工时	5	超时 5 分钟扣 1 分						
8		安全文明	5	未安全操作、整理实训台扣 5 分						
9	完成质量	检测方法	15	失真每处扣 2 分						
10		电压测量误差	20	超出误差范围每处扣 2 分						
11	专业知识	完成练习题	10	未完成或答错一道题扣 1 分						
	合计		100							
			加权得分（自我评价×30%+小组评价×30%+教师评价×40%）							
			综合得分							

任务拓展

用函数信号发生器产生符合下列要求的信号,并用示波器观察信号波形、测量频率、电压。把测得数据填入表4-10中,观察波形并在表4-11中画出草图。

信号1:频率为100Hz,幅度为0.5V(有效值)的正弦波。

信号2:频率为1kHz,幅度为1V(有效值)的正弦波。

信号3:频率为15kHz,幅度为1.5V(有效值)的正弦波。

信号4:频率为100kHz,幅度为0.5V(峰值)的正弦波。

信号5:频率为20kHz,幅度为0.5V(峰值)的方波。

信号6:频率为10kHz,幅度为0.5V(峰值)的三角波。

表4-10 函数波形测量

序号	波形	频率	幅度	示波器测得频率	示波器测得幅度
1					
2					
3					
4					
5					
6					

表4-11 观察波形记录

序号	波形	序号	波形
信号1		信号4	
信号2		信号5	
信号3		信号6	

任务 2　高频信号发生器的信号产生

任务描述

用 YB1051 型高频信号发生器分别产生 400Hz、1kHz 正弦低频信号及高频调幅、调频信号，用示波器观察其波形，电压表测量其幅度，并记录。

任务分析

首先熟悉高频信号发生器面板旋钮布局，并调节产生低频信号输出，调幅信号和高频信号；自己搭建信号测量电路，利用示波器观察波形、周期、幅度并记录波形。

按照图提示选择需要的测量仪器，再按照任务要求调节高频信号发生器，使其输出 400Hz、1kHz 正弦低频信号，用示波器观察输出信号波形，调整低频信号发生器幅度和衰减开关，用交流毫伏表测量低频信号发生器输出的正弦波及方波信号的电压。注意在测量不同信号幅度时，要适当调整交流毫伏表的量程才能使测量更准确。选择内调制方式，产生调幅信号和调频信号，按任务要求用不同的调制信号和不同的载波信号进行调制时，注意观察其波形的不同变化，并记录在表格中。

知识链接

高频信号发生器是一种向电子设备提供等幅正弦波和调制波的高频信号源。其工作频率一般为几十千赫兹至几百兆赫兹，主要用于各种接收机的灵敏度、选择性等参数的测量。

高频信号发生器按照用途的不同可以分为标准信号发生器和信号发生器两种。

标准信号发生器是一个对输出电压（功率）、频率和波形已进行校准的振荡器。主要用来调整和试验接收机的噪声系数、灵敏度、振幅特性、选择性等。因此，它必须具有标准的输出电压（功率）衰减器、最小的输出信号、良好的屏蔽、高质量的调制及准确的调制系数。

信号发生器是一个没有校准输出电压的信号源，主要用来为各种电子设备提供高频能量。其特点是，有足够的输出功率；能输出标准的电压值和很小的电压值，因而不需要屏蔽；有很高的频率稳定度；谐波系数小等。

高频信号发生器按照调制方式的不同又可以分为调幅和调频两类。

1. 高频信号发生器

如图 4-6 所示，是 YB1051 型高频信号发生器，以此高频信号发生器来说明其主要性能指标、面板装置及使用方法。

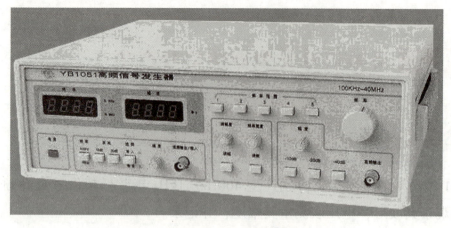

图 4-6　YB1051 型高频信号发生器

（1）主要性能指标

YB1051 型高频信号发生器主要性能指标如表 4-12 所示。

表 4-12　YB1051 型高频信号发生器主要性能指标

序号	性能	指标		
1	频率范围	0.1~40MHz，数字显示，误差 0.1%		
2	输出阻抗	50Ω		
3	输出幅度	最大 1V 有效值，数字显示，衰减 0dB~70dB 连续可调		
4	调制方式	调幅	深度 0%~50%，连续可调	
			内调幅：调制信号频率 400Hz，1kHz	
			外调幅：调制信号频率范围 20~10kHz，电压 0~3V，输入阻抗：30kΩ	
		调频	载波频率小于 0.3MHz，频偏 0~100kHz 连续可调	
			内调频：调制信号频率 400Hz，1kHz	
			外调频：调制信号频率范围 20~10kHz，电压 0~3V，输入阻抗：30kΩ	
5	低频输出	频率：400Hz，1kHz		
		失真度：小于 1%		
		输出幅度：最大 2.5V 有效值，连续可调		
		幅度可调：衰减 0dB~30dB		
		输出阻抗：600Ω		

（2）面板装置

YB1051 型高频信号发生器的面板图如图 4-7 所示，其面板功能如表 4-13 所示。

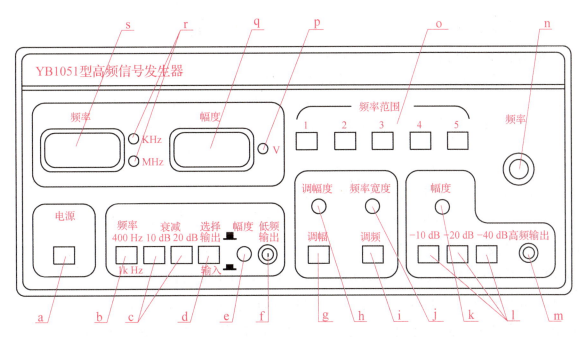

图 4-7 YB1051 型高频信号发生器的面板图

表 4-13 YB1051 型高频信号发生器面板功能

序号	名称	作用
a	电源开关	此按键按下时，机内电源接通，整机工作。此键释放为关掉整机电源
b	音频频率选择按钮	按进为 400Hz，弹出为 1kHz
c	音频输出衰减开关	"10dB" "20dB" 键均不按下，输出信号不经衰减，直接输出到插座口；"10dB" "20dB" 键分别按下，则可选择 10dB 或 20dB 衰减；也可叠加，同时按下 "10dB" "20dB" 键可衰减 30dB
d	音频输入/输出开关	按进为输入，弹出为输出
e	音频输出幅度调节旋钮	音频输出幅度可以细调
f	低频输出口	低频信号输出接口，可配合音频输出幅度调节旋钮调节输出幅度
g	调幅选择按钮	按进有效
h	调幅度调节旋钮	旋转旋钮可改变调幅深度
i	调频选择按钮	按进有效
j	调频旋钮	旋转旋钮可改变频偏宽度
k	调频输出幅度调节旋钮	调频信号输出幅度可细调
l	载波输出幅度衰减开关	"10dB" "20dB" "40dB" 键均不按下，输出信号不经衰减，直接输出到插座口；分别按下可衰减 10dB 或 20dB 或 40dB；也可叠加衰减 30dB 或 50dB 或 60dB 或 70dB
m	高频输出口	高频信号输出接口，可配合调频输出幅度调节旋钮调节输出幅度
n	频率调节旋钮	可改变输出高频信号载波频率
o	频率范围选择按钮	选择频率范围

续表

序号	名称	作用
p	输出幅度单位指示灯	指示单位为 V
q	输出幅度值显示栏	显示输出高频信号的幅度值
r	输出频率单位指示	指示单位为 kHz 和 MHz，以对应的指示灯亮为区分
s	输出频率值显示栏	显示输出信号的频率值，单位为 kHz 和 MHz。

（3）使用方法

①开启电源开关 a，对仪器进行预热 2~3min。

②音频信号的使用：将音频输入/输出开关 d 弹出（音频输出），根据需要来设置音频频率和幅度。通过按钮 b 选择需要的频率；通过开关 c 进行衰减调节，可进行叠加（同时按进为衰减 30dB）；通过细调旋钮 e 进行幅度调节；从低频输出口 f 将信号输出。

③高频信号的使用：调幅选择按钮 g 和调频选择按钮 i 弹出；通过按钮 o 选择合适的挡位，并旋转频率调节旋钮 n 得到需要的频率，其输出频率值将在频率值显示栏 s 中显示出来；旋转幅度调节旋钮 k 进行幅度调节，同时，幅度值将在幅度值显示栏 q 中显示出来；衰减开关 l 可对输出幅度进行衰减，可进行叠加（三个同时按进则衰减 70dB）；通过高频输出口 m 将信号输出，其有效值为幅度值显示栏中的显示值乘以衰减值。

④调幅信号的使用。

内调幅：输入/输出开关 d 弹出（为输出状态），按进调幅按钮 g，通过调幅度调节旋钮 h 进行幅度调节，并可根据高频信号的使用方法，调节调幅波的载波频率和幅度，高频输出口 m 输出已调信号。

外调幅：输入/输出开关 d 按进（为输入状态），将外调幅信号输入低频输出口 f，调幅选择按钮 g 按进，旋转调幅度调节旋钮 h，可调节调幅波的调幅深度，并可根据高频信号的使用方法，调节调幅波的载波频率和幅度，通过高频输出口 m 输出已调幅的信号。

⑤调频信号的使用

内调频：音频输入/输出开关 d 弹出（为输出状态），按进调频选择按钮 i，旋转调频旋钮 j 可调节调频波的频偏，并可根据高频信号的使用方法，调节调频波的载波频率和幅度，通过高频输出口 m 输出已调频的波形。

外调频：音频输入/输出开关 d 按进（为输入状态），将外调频信号输入低频输出口 f，调频选择按钮 i 按进，旋转调频旋钮 j 可调节调频波的幅度，并可根据高频信号的使用方法，调节调频波的载波频率和幅度，通过高频输出口 m 输出已调频的信号。

任务实施

1. 课前准备

课前完成线上学习，熟悉高频信号发生器性能指标、面板装置按钮的功能及作用。

2. 实施步骤

（1）准备工作

①准备仪器：小组讨论，列出观察测量高频信号所用器材名称、型号、数量、作用并填入表 4-14 中。

表 4-14　测量器材

序号	器材名称	型号	数量	作用
1				
2				
3				
4				

②使用前请先仔细阅读测量仪器使用说明书

③按图 4-8 所示连接线路，检查 220V/50Hz 电源，通电前，检查各旋钮位置，毫伏表做好调零，把调频输出幅度调节旋钮置于逆时针旋到底的起始位置，然后开机预热片刻，使仪器稳定工作后使用。

④自校检查。在使用本仪器进行测试工作之前，可对其进行自校检查，以确定仪器工作正常与否。自检结果填入表 4-15 中。

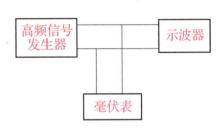

图 4-8　高频信号产生

表 4-15　自检结果

序号	自检项目	自检方法	观察结果	是否正常
1	显示频率（高频）	调节倍乘率		
2	显示频率（低频）	调节倍乘率		
3	输出幅度	调节输出幅度		
4	调制方式	选择"调幅"或"调频"		

（2）完成练习题

①YB1051 型高频信号发生器产生一个频率为 500kHz 的正弦波，则频率范围选择按钮应置于_____。

②高频信号发生器衰减器的作用是_____。

③高频信号发生器的调制信号有内调制和_____信号两种。

④YB1051 型高频信号发生器可产生的最高频率为_____。

⑤YB1051型高频信号发生器产生一个频率为10MHz、幅度为300mV的正弦波，则音频输出衰减开关应置于_____。

⑥YB1051型高频信号发生器输出阻抗为_____Ω。

⑦YB1051型高频信号发生器调制方式有_____和_____两种。

⑧YB1051型高频信号发生器调幅按钮应置于_____，调频按钮应置于_____。

⑨YB1051型高频信号发生器共有_____个频段可供选择。

⑩当信号发生器_____与_____匹配时，能得到最佳的输出功率。

（3）观察信号波形、测量信号参数

①调整高频信号发生器，使其输出400Hz、1kHz低频信号正弦波，用示波器观察输出信号波形，并记录在表4-16中。

表4-16　波形记录

低频信号	
频率：400Hz	频率：1kHz
X轴每格为_____μs，Y轴每格为_____V_{PP}；	X轴每格为_____μs，Y轴每格为_____V_{PP}
调幅信号	
载波频率：465kHz，调制频率：400Hz	载波频率：465kHz，调制频率：1kHz
X轴每格为_____μs，Y轴每格为_____V_{PP}；	X轴每格为_____μs，Y轴每格为_____V_{PP}

续表

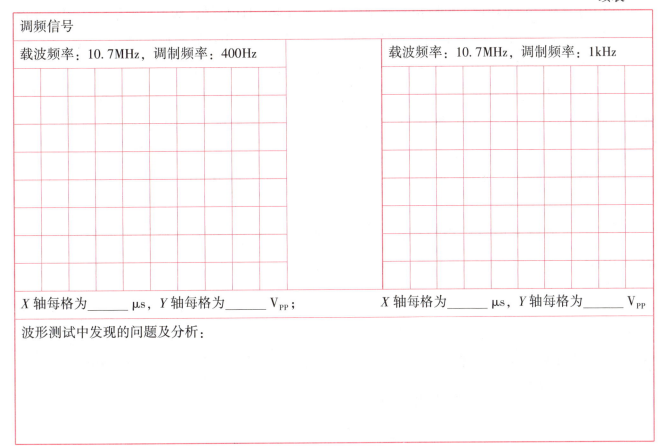

调频信号	
载波频率：10.7MHz，调制频率：400Hz	载波频率：10.7MHz，调制频率：1kHz
X 轴每格为_____μs，Y 轴每格为_____V_{PP}；	X 轴每格为_____μs，Y 轴每格为_____V_{PP}
波形测试中发现的问题及分析：	

②调节高频信号发生器使其输出 400Hz 低频信号，调整幅度和衰减开关，将分贝衰减器置于 0dB、10dB、20dB、40dB 时，同时用交流毫伏表测量信号输出电压范围，并记录在表 4-17 中。

③调节高频信号发生器使其输出 1kHz 低频信号，重复②中的内容。

表 4-17 低频信号频率电压

信号频率/Hz	400				1k			
信号衰减/dB	0	10	20	30	0	10	20	30
音频信号电压								

④调节高频信号发生器使其输出 465kHz 高频信号，调整幅度和衰减开关，将分贝衰减器置于 0dB、10dB、20dB、40dB 时，同时用交流毫伏表测量信号输出电压范围，并记录在表 4-18 中。

⑤调节高频信号发生器使其输出 10.7MHz 高频信号，重复④中的内容。

表 4-18 高频信号输出电压

信号频率/kHz	465								10.7							
信号衰减/dB	0	10	20	30	40	50	60	70	0	10	20	30	40	50	60	70
信号电压																

⑥用内调制信号 400Hz 的低频信号调制载波频率为 465kHz 信号，输出调幅信号，用示波器观察信号波形，并记录在表 4-16 中。调节调幅度、载波幅度，用示波器观察调幅信号的变化。

⑦将调制信号变为 1kHz，重复⑥中的内容，并记录在表 4-16 中。

⑧用内调制信号 400Hz 的低频信号调制载波频率为 10.7MHz 信号，输出调频信号，用示波器观察信号波形，并记录在表 4-16 中。调节频偏和载波幅度，用示波器观察调频信号的变化。

⑨将调制信号变为 1kHz，重复⑧中的内容，并记录在表 4-16 中。

3. 任务评价

对任务完成情况进行检查与评价，将自我评价、小组评价及教师评价得分分别填入表 4-19 中。

表 4-19 检查与评价

任务				操作人员			完成工时			
序号		项目观测点	配分	评分标准（扣完为止）	自我评价	得分	小组评价	得分	教师评价	得分
1	任务实施	仪器、导线选择	5	选择错误每个扣 2 分						
2		仪器接线	5	接线不规范每处扣 1 分						
3		函数信号源自检	5	没完成自检每项扣 2 分						
4		仪器操作规范	10	不规范操作每次扣 5 分						
5		数据记录规范	10	每处扣 1 分						
6		完成工时	5	超时 5 分钟扣 1 分						
7		安全文明	5	未安全操作、整理实训台扣 5 分						
8	完成质量	检测方法	30	未完成 1 个波形扣 5 分						
9		电压测量误差	15	超出误差范围每处扣 2 分						
10	专业知识	完成练习题	10	未完成或答错一道题扣 1 分						
合计			100							
加权得分（自我评价×30%+小组评价×30%+教师评价×40%）										
综合得分										

任务拓展

用函数信号发生器产生调制信号，作为高频信号发生器的外调制信号输入产生调幅、调频信号，适当改变调制信号的幅度，同时用示波器观察高频信号发生器输出调幅、调频信号波形的变化，并在表4-20中画出草图。测量系统搭建如图4-9所示。

调幅信号1：载波频率为500kHz，调制信号频率为500Hz的正弦波。

调幅信号2：载波频率为1MHz，调制信号频率为500Hz的方波。

调幅信号3：载波频率为10MHz，调制信号频率为500Hz的三角波。

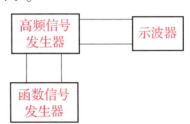

图4-9 外调制高频信号产生

调幅信号4：载波频率为1MHz，调制信号频率为500Hz的正弦波。

调幅信号5：载波频率为10MHz，调制信号频率为500Hz的方波。

调幅信号6：载波频率为20MHz，调制信号频率为500Hz的三角波。

表4-20 观察波形记录

序号	波形	序号	波形
调幅信号1		调幅信号4	
调幅信号2		调幅信号5	
调幅信号3		调幅信号6	

思考与练习4

1. 如何按信号频段和信号波形对测量用信号发生器进行分类。

2. 函数信号发生器幅度显示窗显示输出幅度分别为2V和5V，当函数信号输出幅度衰减开关分别置于下列各位置时，实际输出电压值为多大？

显示电压/V	2				5			
信号衰减/dB	0	20	40	60	0	20	40	60
实际电压								

3. YB1051型高频信号发生器输出阻抗为多少？使用时如果阻抗不匹配会有什么影响？怎样避免产生不良影响？

4. 欲得到1mV的电压，"输出细调"和"输出衰减"调整到多少才能得到？

5. 函数信号发生器一般能够产生哪几种波形信号？

6. 高频信号发生器在使用时应注意哪些问题？

7. 函数信号发生器在使用时应注意哪些问题？

8. 信号发生器输出100mV，而示波器上显示却为200mV，为什么会这样？

9. 利用函数信号发生器产生方波信号时，占空比是指什么？

10. 利用函数信号发生器产生方波信号时，如果方波频率为1kHz，幅度为$2V_{pp}$，偏移0V，占空比20%，那么此方波信号的正脉冲宽度为多少？

项目五

电压表的使用

学习目标

了解交流电压测量的特点，理解交流电压的表征、电子电压表测量原理，熟悉电压的测量方法，掌握电压表的使用，掌握电压测量方法。通过电压表实际运用，为职业生涯做好知识和技能储备；培养安全操作意识，养成良好的职业习惯，提高职业素养。

任务1 认识电压表

任务描述

学习交流电压的表征，理解交流电压的平均值、有效值、峰值含义，针对电压表熟悉其面板结构，理解电子电压表的测量原理，熟悉电压的基本测量方法。

任务分析

学习电压的表征量的物理含义、数学表达式及其之间的换算，交流电压测量的特点，熟悉电压表面板结构，理解电压表的基本参数和测量原理，初步知道电压表的使用方法和交流电压的测量方法。

知识链接

电压测量是电子电路测量的一个重要内容。用电压表进行电压测量时，要根据被测信号的特点（如频率的高低、幅度的大小及波形等）和被测电路的状态（如内阻的数值等）正确选择电压表。

1. 交流电压的表征

（1）峰值 U_P

任意一个周期性的交流电压 $u(t)$，在一个周期内所出现的最大瞬时值，称为该交流电压的峰值，以 U_P 表示。峰值有正峰值（U_{P+}）和负峰值（U_{P-}）之分，其几何意义如图 5-1 所示。

峰值与振幅值的概念不同，峰值是从参考零电平开始计算的，而振幅值是以交流电压中的直流分量为参考电平计算的。当电压中包含直流分量时，振幅值与峰值是不相等的，当电压中的直流分量为零时，则峰值等于振幅值。

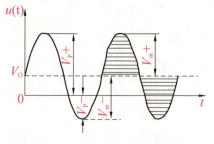

图 5-1 交流电压的峰值

（2）平均值 $\overline{U}$

由于在实际电压测量中，总是将交流电通过检波器变换成直流电压再进行测量，因此在电压测量中，平均值一词通常是指交流电压检波以后的平均值。根据检波器的种类又分为半波平均值 $\overline{U}_{\frac{1}{2}}$ 和全波平均值 $\overline{U}$。对于不含直流分量的纯交流电压来说，$\overline{U} = 2\overline{U}_{+\frac{1}{2}} = 2\overline{U}_{-\frac{1}{2}}$。在电压测量中，如不加说明时，平均值就是指全波平均值。

平均值 $\overline{U}$ 在数学上的定义为

$$\overline{U} = \frac{1}{T}\int_0^T |u(t)| \, dt \tag{5-1}$$

原则上，求平均值的时间为任意时间，对周期信号而言，T 为信号周期。

（3）有效值 U

有效值的物理意义是：交流电压一个周期内，在一纯电阻负载中所产生的热量与另一直流电压在同样情况下产生的热量相等时，这个直流电压的值就是该交流电压的有效值，记为 U。即：

$$U = \sqrt{\frac{1}{T}\int_0^T u^2(t) \, dt} \tag{5-2}$$

有效值比峰值或平均值的应用更为普遍。例如通常说某一交流电压多少伏，几乎毫无例外的都是指有效值。各类电压表的示值，除特殊情况外，一般都是按正弦波有效值定度的。

正弦波交流电压的平均值、有效值与峰值之间的关系如图 5-2 所示。其换算关系见表 5-1。若被测电压是非正弦波信号时，交流电压的有效值、平均值与峰值之间的关系见表 5-1。

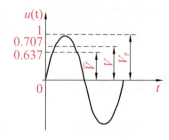

图 5-2 正弦波交流电压的平均值、有效值与峰值的关系

表 5-1 正弦波交流电压的平均值、有效值与峰值的换算

	平均值 $\overline{U}$	有效值 U	峰值 U_P	峰峰值 U_{PP}
按平均值换算	$\overline{U}$	$1.11\overline{U}$	$1.57\overline{U}$	$3.14\overline{U}$
按有效值换算	$0.900U$	U	$1.414U$	$2.83U$
按峰值换算	$0.637U_P$	$0.707U_P$	U_P	$2.00U_P$
按峰峰值换算	$0.318U_{PP}$	$0.354U_{PP}$	$0.500U_{PP}$	U_{PP}

2. 常用的电压测量仪器

常用测量电压的仪器有模拟式电压表和数字电压表二种类型的测量仪器。

（1）模拟式电压表（AVM）

模拟式电压表一般是指"指针式电压表"，它把被测电压加到磁电式电流表上，转换成指针偏转角度的大小来度量。示波器也是电压测量的重要仪器。

通过放大-检波或检波-放大电路，将被测电压变换成直流电压，然后进行测量。图 5-3 为放大-检波式 GB-9B 型毫伏表面板图。

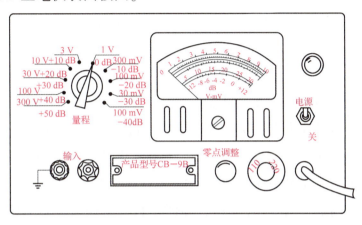

图 5-3　GB-9B 型毫伏表面板图

（2）数字电压表（DVM）

数字电压表是指把被测电压的数值通过数字技术，变换成数字量（A/D），然后以十进制数字显示被测量的电压值。

数字电压表具有高精度、宽量程、显示位数多、分辨率高、易于实现测量自动化等优点，它在电压测量中占据了重要地位。

电压表主要用于测量各种高、低频信号电压，它是电子测量中使用最广泛的仪器之一。图 5-4 为 PZ158 毫微伏直流数字电压表，图 5-5 为 HFJ-8AD 数字超高频毫伏表。

图 5-4　PZ158 毫微伏直流数字电压表

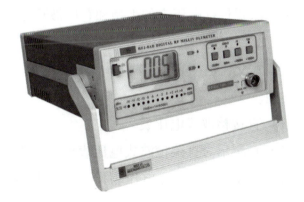
图 5-5　HFJ-8AD 数字超高频毫伏表

3. 交流电压测量的特点

在实际测量中，被测电压的频率范围宽，波形种类多，幅度悬殊，电压测量具有一系列的特点。主要有以下几点。

(1) 频率范围

除直流电压外,交流电压的频率范围从几 Hz 到几百兆 Hz 甚至更高,达到 GHz 量级。

(2) 测量范围

被测电压的范围宽,下限在 nV 至几个 mV,而上限可达千伏以上。

(3) 准确度

由于电压测量是以直流标准电压为基准,因此,直流电压的测量可获得最高准确度,一般可达 $10^{-4} \sim 10^{-7}$ 量级(直流数字电压表);对交流电压的测量准确度可达 $10^{-2} \sim 10^{-4}$ 量级;而模拟式电压表一般只能达到 10^{-2} 量级。在一般测量调试中,对误差要求不高时,准确度在 $1\% \sim 3\%$ 即可。

(4) 输入阻抗

电压测量仪器以并联方式接入被测电路,其输入阻抗就是被测电路的额外负载。为了减轻仪器对电路的影响,应要求仪器有足够高的输入阻抗。对于直流或低频电压,只需要求电压表的输入电阻足够大即可;对于高频电压,还需考虑仪器的输入电容是否足够小。目前,直流数字电压表在小量程上的输入阻抗可高达 $10G\Omega$ 甚至更高,高量程时,一般可达 $10M\Omega$。由于交流电压的测量,需通过 AC/DC 转换,即便是数字电压表其输入阻抗一般不是很高。例如,数字万用表输入阻抗的典型值是 $10M\Omega // 15pF$。

(5) 抗干扰能力

当电压测量仪器工作在高灵敏度时,干扰会引入误差。测量时,应采取必要的抗干扰措施(如接地、屏蔽等),以减小干扰的影响。对于数字电压表,这个要求尤为突出。

(6) 被测波形的多样性

除正弦波外,电路中还有失真的正弦波和各种非正弦波。测量时,应考虑信号不同波形的需要。一般,电压表均是以正弦波有效值来确定刻度的,只有在测正弦电压时,其读数才是被测电压的有效值。除特殊情况外,测量其他非正弦波形时其读数无直接意义,被测电压的大小,需要根据电压表的类型和它的波形来确定,即需要进行换算。

4. 模拟式交流电压表的类型

模拟式交流电压表中,根据 AC/DC 变换(检波)电路的先后顺序不同,大致可分成下列几种类型。

(1) 直接检波式电压表

图 5-6 所示为直接检波式电压表的方框图,它是将被测电压检波后,直接由电压表指示出被测电压值。万用表的交流测量就属此类,另外该类型的表通常作为电子设备内部自备的指示仪表。

图 5-6 直接检波式电压表方框图

(2) 放大-检波式电压表

图 5-7 为放大-检波式电压表方框图,被测交流电压先经宽带交流放大器放大,然后再检

波变成直流电压，驱动电流表偏转。由于先进行放大，可以提高输入阻抗和灵敏度，避免了检波电路工作在小信号时所造成的刻度非线性及直流放大器存在的漂移问题。但是测量电压的频率范围因受放大器频带限制，一般这种电压表的上限频率为兆赫级，最小量程为毫伏级。例如，GB-9B 型毫伏表就属于该类型的电压表。

图 5-7　放大-检波式电压表方框图

(3) 检波-放大式电压表

图 5-8 所示为检波-放大式电压表的组成方框图。它将被测电压经检波器检波变成直流电压，经直流放大器放大后驱动直流微安表偏转，该类电压表放大器的频率特性不影响整个电压表的频响，因此测量电压的频率范围主要决定于检波电路的频响，其上限频率可达 1 GHz，此类电压表称为高频毫伏表。

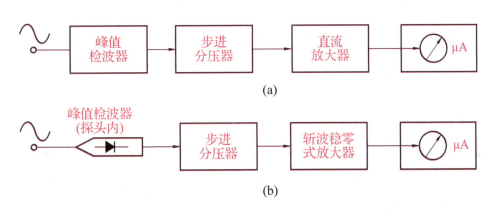

图 5-8　检波-放大式电压表组成方框图
(a) 组成框图；(b) 提高灵敏度措施

由于检波二极管导通时有一定的起始电压，刻度有非线性，且输入阻抗低，采用普通的直流放大器又有零点漂移，所以灵敏度不高，例如 DYC-5 型电压表就属于此类。

(4) 调制式电压表

图 5-9 所示为调制式电压表的原理方框图。为了使被测的高频电压在数值很小的情况下，仍能驱动微安表有较大偏转，这就要求直流放大器具有较高的增益。但是一般高倍直流放大器的零点漂移严重，所以采用调制式放大器。其工作原理是，被测的高频电压经过探极中的峰值检波器变成直流电压，送到仪器的输入端，经过量程转换和滤波器，再通过斩波器将直流变成交流（一般为 50Hz）电压，然后进行交流放大，最后经检波器解调，变成与输入相对应但被放大了的直流电压，驱动微安表指针偏转，从而实现测量高频的目的。如 DA-1 高频毫伏表就属于此类。

从上讨论可知，不管哪一种类型的交流电压表，它们的核心是检波器。我们知道，一个交流电压的大小，可用它的峰值（U_P）、平均值（$\bar{U}$）或有效值（U）来表征。根据交流电压

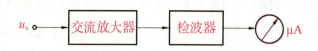

图 5-9　调制式电压表原理方框图

的三种表征，电压表又可分为峰值电压表，均值电压表和有效值电压表。但不管是哪一种检波器做成的电压表，其电流表的刻度，除特别情况外，一般都是按正弦波有效值来刻度的。因此，在使用模拟式交流电压表时要特别注意这一点。也就是说，一般模拟式交流电压表只能用于测量正弦波电压，而对于非正弦波或失真的正弦波用模拟式交流电压表测量时，其示值是没有意义的。

（5）外差式电压表

对于放大-检波式电压表，由于宽频带放大器增益和带宽的矛盾，很难把频率上限提得更高；而检波-放大式电压表的灵敏度由于非线性失真等原因受到限制。在实际测量中，常需测量那些频率范围宽、频率又高而信号电平较弱的电压，以上两类电压表均无法胜任，特别是在弱信号测量时还受到噪声和干扰的限制。

噪声的频谱很宽，而被测的正弦电压是单频的。因此，在一定的高频范围内，测量线路必须具有尖锐的频率选择性，以便将各种不同频率的电压转换成频率固定的中频电压；同时，由于中频放大器的带通滤波器可以做得很窄，即在高增益的情况下，大大削弱内部噪声的影响。利用以上原理组成的电压测量线路就是外差式电压表（又称测量接收机）。

外差式电压表的原理方框图如图 5-10 所示。被测电压通过输入回路（包括输入衰减器和高频放大器）在混频器中与本机振荡器产生的信号混频，输出中频信号，再经中频放大，然后检波，最后由直流表头指示。

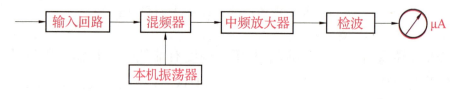

图 5-10　外差式电压表原理方框图

由于外差式电压表的中频是固定不变的，中频放大器具有良好的频率选择性和相当高的增益，从而解决了放大器的带宽与增益的矛盾。而因中频放大器通带极窄，在实现高增益的同时，可以有效地削弱干扰和噪声的影响，使电压表的灵敏度提高到微伏级，故这种电压表又称为高频微伏表。如果外差式电压表的输入端配上小型环形天线，还可测量高频信号发生器的泄漏和辐射，甚至还可作为无线电计量用的一级标准仪器。

5. 电平的测量

（1）电平的概念

电平是指两功率或电压之比的对数，有时也表示两电流之比的对数，单位为贝尔（Bel）。由于贝尔单位相对于测量值太大，在实际应用时，常用贝尔的十分之一作为单位，称为分贝，用"dB"表示。电平概念主要应用在某些通信系统、电声系统及噪声测试系统中。

当600Ω电阻上消耗1mW的功率时，600Ω电阻两端的电位差为0.775V，此电位差称为基准电压。任意两点电压与基准电压之比的对数称为该电压的绝对电平，即

$$L_U = 20\lg\frac{U_X}{0.775} \tag{5-3}$$

式中，U_X为任意两点电压的有效值。

（2）采用电平概念的意义

如希望同时显示一组幅值很大和幅值很小的信号，采用高度为10cm的显示器，一般用显示器的全部高度作为振幅的最大值。若信号的最大振幅为100V，显示器上1cm的高度就对应为10V；0.1cm的高度对应1V；而小于0.1V的电压在显示器上就难以辨认了。而使用分贝作为单位，可以把大范围内的幅值压缩到较小的范围。这样，就可同时看到最大值和最小值的所有振幅。

（3）电平的测量方法和刻度

从电平的定义就可以看出电平与电压之间的关系，电平的测量实际上也是电压的测量。任何一块电压表都可以作为电平表，只是表盘的刻度不同而已。

电平表和交流电压表上 dB 刻度线都是按绝对电平刻度的，要注意的是电平刻度是以在600Ω电阻上消耗1mW功率为零分贝进行计算的，即 0dB = 0.775V。当U_X>0.775V 时，测量所得 dB 值为正；当U_X<0.775V 时，测量所得 dB 值为负。这样，一定的电压值对应于一定的电平值，就可直接用电压表测量电平了。如电子式万用表 MF-20 将 1.5V 量程刻度线上的0.775V 处定为 0dB。应注意的是，表盘上的分贝值对应的是某挡电压量程，当使用电压表的其他挡量程时，应考虑加上换挡的分贝值。如使用 MF-20 的 30V 量程时，被测电压实际值应是表头测量值的 20 倍。设表头上的电压为U'_X，则实际被测电压为$U_X = 20U'_X$，写成分贝形式为

$$L_U = 20\lg(20U'_X) = 20\lg20 + 20\lg U'_X = 26dB_U + 20\lg U'_X \tag{5-4}$$

因此，实际测量的分贝值应加上换挡的分贝值 26dB。

6. DF2172A 双路输入交流毫伏表

（1）DF2172A 双路输入交流毫伏表面板

DF2172A 双路输入交流毫伏表具有测量电压灵敏度高，频率范围宽的特点，其面板如图5-11所示。

（2）DF2172A 双路输入交流毫伏表技术参数

DF2172A 双路输入交流毫伏表是一种通用型电压表，由于具有双路输入，故对于同时测量两种不同大小的交流信号的有效值及两种信号的比较最为方便，适用于 10Hz～1MHz 的交流信号的电压有效值测量。DF2172A 双路输入交流毫伏表技术参数如表 5-2 所示。

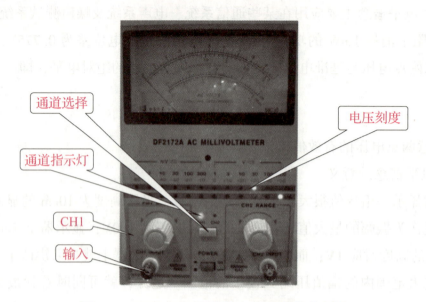

图 5-11　DF2172A 双路输入交流毫伏表面板

表 5-2　DF2172A 双路输入交流毫伏表技术参数

序号	性能	指标
1	测量范围	100μV～300V，分 12 挡量程
2	电压刻度	1mV、3mV、10mV、30mV、100mV、300mV、1V、3V、10V、30V、100V、300V 共 12 挡
3	dB 刻度	−60dB～+50dB（0dB=1V）
4	电压测量工作误差	≤5%满刻度（1kHz）
5	频率响应	100Hz～100kHz 误差为 3%，10Hz～1MHz 误差为 5%
6	输入特性	最大输入电压不得大于 450V（AC+DC）；输入阻抗≥1MΩ（≤50pF）
7	噪声	输入端良好短路时低于满刻度值的 3%
8	两通道互扰	小于 80dB
9	电源适应范围	电压 220V±10%；频率 50±2Hz；功率不大于 10W

（3）DF2172A 双路输入交流毫伏表基本操作

①通电前先观察表针停在的位置，如果其不在表面零刻度需调整电表指针的机械零位。

②根据需要选择输入通道 CH1 和 CH2。

③将量程开关置于高量程挡，接通电源，通电后预热几分钟后使用，可保证性能可靠。

④根据所测电压选择合适的量程，若测量电压未知大小应将量程开关置最大挡，然后逐级减少量程。以表针偏转到满度 2/3 以上为宜，然后根据表针所指刻度和所选量程确定电压读数。

⑤在需要测量两个端口电压时，可将被测的两路电压分别接入输入端 CH1 和 CH2，通过拨动输入选择开关来确定 CH1 路或 CH2 路的电压读数。

说明一点，在接通电源 10 秒钟内指针有无规则摆动几次的现象是正常的。

任务实施

1. 课前准备

课前完成线上学习，熟悉电压表性能指标、面板装置按钮的功能及作用。

2. 任务引导

（1）准备工作

①准备仪器：小组讨论，列出观察毫伏表测量所用器材名称、型号、数量、作用填入表 5-3 中。

表 5-3　测量器材

序号	器材名称	型号	数量	作用
1				
2				
3				
4				

②使用前请先仔细阅读使用说明书。

③熟悉 DF2172A 双路输入交流毫伏表的开关旋钮，知道其作用。

④学习 DF2172A 双路输入交流毫伏表使用特性，按图 5-12 所示连接仪器，将仪器调零、校准，稳定后开始测量操作。

（2）完成练习题

①用电压表测量直流电压，则万用表选择开关应置于_____。

②用指针式电压表测量直流电压，则选择量程应该根据_____。

③数字万用表测量直流电压时，红标笔应接被测量电压的_____端。

④数字万用表测量交流电压时，其频率范围应在_____。

⑤测量高压时，应使用专门的_____。

图 5-12　直流电压/交流电压的测量

（3）观察信号波形、测量信号参数

①调整函数信号发生器，使其分别输出 100mV，100Hz、100kHz、1000kHz 的正弦波信号，用毫伏表测量输出电压，用示波器观察输出信号波形，并记录在表 5-4 中。

表 5-4　不同频率信号电压测量

序号	项目	调零/调整方法	毫伏表测量结果	示波器观察结果
1	调零			
2	频率 100Hz			
3	频率 100kHz			
4	频率 1000kHz			

②调整函数信号发生器，使其分别输出 50kHz、1mV、300mV、10V 的正弦波信号，用毫伏表测量输出电压，用示波器观察输出信号波形，并记录在表 5-5 中。

表 5-5　不同幅度信号电压测量

序号	项目	毫伏表测量结果	示波器观察结果	比较
1	1mV			
2	300mV			
3	10V			

3. 任务评价

对任务完成情况进行检查与评价，将自我评价、小组评价及教师评价得分分别填入表 5-6 中。

表 5-6　检查与评价

任务	序号	项目观测点	配分	评分标准（扣完为止）	操作人员		完成工时			
					自我评价	得分	小组评价	得分	教师评价	得分
任务实施	1	仪器、导线选择	5	选择错误每个扣 2 分						
	2	仪器接线	5	接线不规范每处扣 1 分						
	3	仪器自检、调零	5	没完成每项扣 2 分						
	4	仪器操作规范	10	不规范操作每次扣 5 分						
	5	仪器读数	10	读数错误每次扣 2 分						
	6	数据记录规范	10	每处扣 1 分						
	7	完成工时	5	超时 5 分钟扣 1 分						
	8	安全文明	5	未安全操作、整理实训台扣 5 分						

续表

任务序号		项目观测点	配分	评分标准（扣完为止）	操作人员				完成工时	
					自我评价	得分	小组评价	得分	教师评价	得分
9	完成质量	检测方法	15	失真每处扣2分						
10		电压测量误差	20	超出误差范围每处扣2分						
11	专业知识	完成练习题	10	未完成或答错一道题扣1分						
	合计		100							
	加权得分（自我评价×30%＋小组评价×30%＋教师评价×40%）									
	综合得分									

任务2　使用电压表测量直流电压、交流电压

任务描述

学习交直流电压的测量方法，运用多种仪表正确测量交直流电压，完成直流稳压电源电压测量和信号源输出的信号电压的测量任务。

任务分析

使用模拟万用表、数字电压表、数字万用表的电压测量功能，分别测量直流稳压电源、函数信号发生器的输出电压。数字电压表测量前的调零、挡位的选择和接地都会影响测量的准确度。

知识链接

1. 直流电压的测量方法

电子电路中的直流电压一般分为两大类：一类为直流电源电压，它具有一定的直流电动势和等效内阻；另一类是直流电路中某元件两端之间的电压差或各点对地的电位。

直流电压的测量一般可采用直接测量法和间接测量法两种。用直接测量法测量时，将电压表直接并联在被测支路的两端，如果电压表的内阻为无穷大，则电压表的示值即是被测支路两点间的电压值；间接测量法则是先分别测量两端点的对地电位，然后求两点的电位差，

差值即为要测量的电压值。

直流电压的测量方案很多，常用的有以下几种。

（1）用数字万用表测量直流电压

用数字万用表测量直流电压，可直接显示被测直流电压的数值和极性；数字万用表的有效位数也较多，精确度高。另外数字万用表直流电压挡的输入电阻较高，可达 10MΩ 以上，如 DT-9901C 型数字万用表的直流电压挡的输入电阻为 20MΩ，将它并接在被测支路两端对被测电路的影响很小。

用数字万用表测量直流电压时，要选择合适的量程，当超出量程时会有溢出显示。如 DT-9902C 型数字万用表，当测量超出量程时会显示"OL"，并在显示屏左侧显示"OVER"表示溢出。

（2）用模拟万用表测量直流电压

模拟万用表的直流电压挡由表头串联分压电阻组成，其输入电阻一般不太大，而且各量程挡的内阻不同，同一块表，量程越大，内阻越大。在用模拟万用表测量直流电压时，一定要注意表的内阻对被测电路的影响，否则将可能产生较大的测量误差。如用 MF500-B 型万用表测量如图 5-13 所示的电路的等效电动势 E，MF500-B 型万用表的直流电压灵敏度 SV=20kΩ/V，选用 10V 量程挡，测量值为 7.2V，理论值为 9V，相对误差为 20%，这就是由于万用表直流电压挡的内阻与被测电路等效内阻相比不够大，是测量方法不当引起的误差。因此模拟万用表的直流电压挡测量电压只适用于被测电路的等效内阻很小或信号源内阻很小的情况。

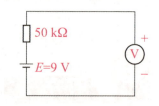

图 5-13 万用表测量等效电动势

（3）用零示法测量直流电压

为了减小由于模拟万用表内阻不够大而引起的测量误差，可用如图 5-14 所示的零示法。图中 E_S 为大小可调的标准直流电源，测量时，先将标准电源 E_S 输出置最小，电压表置较大量程挡，按图 5-14 所示的极性接入电路。然后缓慢调节标准电源 E_S 的大小，并逐步减小电压表的量程挡，直到电压表在最小量程挡指示为零，电压表中没有电流流过，此时 $E=E_S$。由于标准直流电源的内阻很小，一般小于 1Ω，而电压表的内阻一般在千欧级以上，所以用零示法测量标准电源的输出电压，电压表内阻引起的误差可忽略不计。

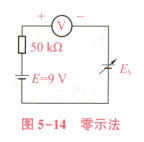

图 5-14 零示法测量直流电压

（4）用电子电压表测量直流电压

一般在放大-检波式的电子电压表中，为了提高电压表的内阻，都采用跟随器和放大器等电路提高电压表的输入阻抗和测量灵敏度。这种电子电压表可在电子电路中测量高电阻电路的电压值。

（5）用示波器测量直流电压

用示波器测量电压时，首先应将示波器的垂直灵敏度微调旋钮置校准挡，否则电压读数不准确。具体测量步骤可参看示波器的项目。

(6) 微差法测量直流电压

在上面介绍的直流电压测量中都存在一个分辨力问题，数字万用表的分辨力是末位数字代表的电压值，模拟式电压表的分辨力为最小刻度间隔所代表的电压值的一半，量程越大，分辨力越低，如 MF500-B 型万用表在 2.5V 量程挡，分辨力为 0.025V；在 10V 挡，分辨力为 0.1V。电压表不可能测量出比分辨力小的电压。

为了准确地测量大电压中的微小变换量，可以用微差法来测量。微差法和零示法都是减小系统误差的典型技术，零示法对可调电压源要求较高，因为它必须适应被测电压所有可能出现的值。微差法降低了对可调标准电源的要求，测量电路与零示法相同。测量时，调节 E_S 的大小，使电压表在小量程挡（分辨力最高）上有一个微小的读数 ΔU，则 $U_0 = U_S + \Delta U$，当 $\Delta U \leq U_0$ 时，电压表的测量误差对 U_0 的影响极小，且电压表中流过的电流很小，对被测电压 U_0 不会产生大的影响。

(7) 含交流成分的直流电压测量

由于磁电式表头的偏转系统对电流有平均作用，不能反映纯交流量。所以，对于含交流成分的直流电压的测量一般都采用模拟式电压表的直流挡测量。

如果叠加在直流电压上的交流成分具有周期性，可直接用模拟式电压表测量其直流电压的大小。由交流信号转换而得到的直流，如整流滤波后得到的直流平均值，以及非简谐波的平均直流分量都可用模拟式电压表测量。

一般不能用数字万用表测量含有交流成分的直流电压，因为数字式直流电压表要求被测直流电压稳定，才能显示数字，否则数字将不停跳变。

2. 数字电压表的使用

(1) 数字电压表的主要技术指标

1) 显示位数

完整显示位：能够显示 0~9 的数字。非完整显示位（俗称半位）：只能显示 0 和 1（在最高位上）。如 4 位 DVM，具有 4 位完整显示位，其最大显示数字为 9999。而 4 位半 DVM，具有 4 位完整显示位，1 位非完整显示位，其最大显示数字为 19999。

2) 量程

基本量程：无衰减或放大时的输入电压范围，由 A/D 转换器动态范围确定。

扩展量程：通过对输入电压（按 10 倍）放大或衰减，可扩展其他量程。

如基本量程为 10V 的 DVM，可扩展出 0.1V、1V、10V、100V、1000V 五挡量程；基本量程为 2V 或 20V 的 DVM，可扩展出 200mV、2V、20V、200V、1000V 五挡量程。

3) 分辨力

分辨力是指 DVM 能够分辨最小电压变化量的能力。反映了 DVM 灵敏度。用每个字对应的电压值来表示，即 V/字。不同的量程上能分辨的最小电压变化的能力不同，显然，在最小量程上具有最高分辨力。例如，3 位半的 DVM，在 200mV 最小量程上，可以测量的最大输入电压为 199.9mV，其分辨力为 0.1mV/字（即当输入电压变化 0.1mV 时，显示的末尾数字将变化"1 个字"）。

分辨率：用百分数表示，与量程无关，比较直观。

4) 测量速度

测量速度是指每秒钟完成的测量次数。它主要取决于 A/D 转换器的转换速度。一般低速高精度的 DVM 测量速度在几次/s～几十次/s。

5) 测量精度

测量精度取决于 DVM 的固有误差和使用时的附加误差（如温度等）。固有误差由两部分构成：读数误差和满度误差。

读数误差：与当前读数有关。主要包括 DVM 的刻度系数误差和非线性误差。

满度误差：与当前读数无关，只与选用的量程有关。

有时满度误差将等效为"±n 字"的电压量表示。当被测量（读数值）很小时，满度误差起主要作用，当被测量较大时，读数误差起主要作用。为减小满度误差的影响，应合理选择量程，使被测量大于满量程的 2/3 以上。

6) 输入阻抗

输入阻抗取决于输入电路（并与量程有关）。输入阻抗宜越大越好，否则将影响测量精度。

对于直流 DVM，输入阻抗用输入电阻表示，一般在 10～1000MΩ。对于交流 DVM，输入阻抗用输入电阻和并联电容表示，电容值一般在几十 pF～几百 pF。

（2）YB2173B 数字交流毫伏表

YB2173B 数字交流毫伏表是一种 4 位 LED 显示，测量精度高，频率特性好的数字毫伏表，YB2173B 数字交流毫伏表具有同步/异步操作功能的数字毫伏表；超宽交流电压测量范围：30μV～300V；分辨率高，最高可达 1μV；采用先进数码开关；采用发光二极管指示量程和工作状态；具有超量程自动闪烁功能。图 5-15 是 YB2173B 数字交流毫伏表的面板图和实物图。

1) 主要特点

①仪器全部采用集成电路，工作稳定、可靠。

②仪器由单片机智能化控制和数据处理，实现量程自动转换。

③仪器可测正弦波、方波、锯齿波、脉冲波等不规则的任意波形信号幅度。

④仪器采取了屏蔽隔离工艺，降低了本机噪声，提高了线性和小信号测量精度。

⑤测量精度高，频率特性好。

⑥拥有标准 RS-232 串行接口。

2) 技术指标

YB2173B 数字交流毫伏表的技术指标如表 5-7 所示。

表 5-7 YB2173B 数字交流毫伏表的技术指标

序号	性能	指标
1	测量电压范围	100μV～300V，-80dB～+50dB
2	基准条件下电压的固有误差	（以 1kHz 为基准）±1%±2 个字
3	测量电压的频率范围	10Hz～2MHz
4	基准条件下频率影响误差	（以 1kHz 为基准） 50Hz～100kHz：±3%±8 个字，20～50Hz； 100～500kHz：±5%±10 个字，10～20Hz； 500kHz～2MHz：±6%±15 个字
5	分辨力	10μV
6	输入阻抗	输入电阻≥1MΩ；输入电容≤40pF
7	最大输入电压	$DC+AC_{pp}$：500V
8	输出电压	1Vrms±5% ［1kHz 为基准，输入信号为 $5.5×10^n$V（$-4≤n≤1$，n 为整数）±2 个字输入时］
9	电源电压	交流 220V±10%，50Hz±4%

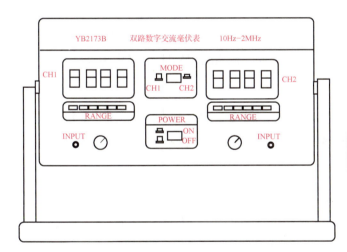 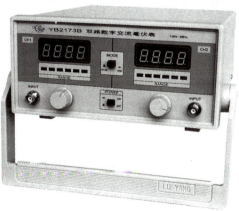

图 5-15 YB2173B 数字交流毫伏表的面板图和实物图

3）YB2173B 数字交流毫伏表的基本操作方法

①打开电源开关前，首先检查输入的电源电压，然后将电源线插入后面板上的交流插孔。

②电源线接入后，按电源开关以接通电源，并预热 5min。

③将输入信号由输入端口送入交流毫伏表即可。

④通过 RS-232 串行接口电缆与 PC 机连接，通过 PC 机软件即可同步显示仪器的测量值。

4）YB2173B 数字交流毫伏表的使用注意事项

①避免过冷或过热。不可将交流毫伏表长期暴露在日光下或置于靠近热源的地方。不可在寒冷天气时放在室外使用，仪器工作温度应在 0℃～40℃。

②不可将交流毫伏表从炎热的环境中突然转到寒冷的环境，反之亦然，这将导致仪器内部形成凝结。

③避免湿度大、灰尘多的环境。如果将交流毫伏表放在湿度大或灰尘多的地方，可能导致仪器出现故障，最佳使用相对湿度范围是35%～90%。

④避免在强烈震动的地方，否则会导致仪器出现故障。

⑤不可将交流毫伏表存放在强磁场的地方。数字交流毫伏表对电磁场较为敏感，不可在具有强烈磁场作用的地方操作毫伏表，不可将磁性物体靠近毫伏表，应避免阳光或紫外线对仪器的直接照射。

3. 电压测量中的几个问题

在电压测量的过程中，首先需根据被测电压及其所在电路的特点，来选择或制作测量仪器或搭建测量系统。在仪表的使用上，需注意以下几个问题。

①测量准备。测量前应按仪表的规定方向放置，并在通电前调整机械零点，使指针指示在零位。通电后，在指针稳定时，将输入线短路，调节调零点调整旋钮，使表针示零位，即进行电气调零。为了提高测量精度，电气调零应在使用量程上进行。

②量程选择。根据被测信号值的大小选择电压量程。如不知道被测信号的大小，可先选用大量程，逐步减小到合适的量程。

③接地与屏蔽。在进行电压测量时，要注意被测电路高电位端和低电位端要与电压表的对应端相连接。屏蔽接地点应与被测电压源信号地线相连接。并注意一点接地。

在连接顺序上，测量前应先接地线，再连信号线；测量完毕时，应先断开信号线，再断开地线。

④输入电路的影响。输入电阻会引起测量误差，这个误差可以修正。但它有时会破坏被测电路的正常工作状态。例如，使谐振回路振幅下降，甚至停振。因此，要求仪表的输入电阻很高。

输入电容对被测电路的影响主要表现在使回路失谐，从而改变了被测量的特性。在高频段时，输入电容使电路的增益显著下降，会引起很大的误差。因此，要求输入电容小。分布参数对测量也有影响，因此，测试信号线宜短，或者使用探头。

此外，对于不同类型的电压表的刻度及特性应明确，以免在非正弦信号电压的测量时引入波形误差，精密测量时应注意换算。对于电平刻度的示值，它等于指针所指示的分贝数与量程开关所指的分贝数的代数和。在高压测量时，应注意使用绝缘良好的绝缘设施，并按照单手操作的原则操作，确保安全。

任务实施

1. 课前准备

课前完成线上学习，熟悉毫伏表性能指标、面板装置按钮的功能及作用。

2. 任务引导

（1）准备工作

①准备仪器：小组讨论，列出观察测量交流电压信号所用器材名称、型号、数量、作用填入表5-8中。

表5-8 测量器材

序号	器材名称	型号	数量	作用
1				
2				
3				
4				

②使用前请先仔细阅读仪器使用说明书。

③熟悉直流稳压电源、电压表、示波器面板的开关旋钮，知道其作用。

④用示波器和数字万用表测量直流稳压电源输出的特定直流电压，按图5-16所示连接仪器，将数字万用表量程调为最大，仪器稳定后开始测量操作。

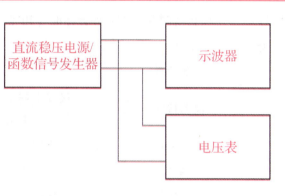

图5-16 直流电压/交流电压的测量

（2）完成练习题

①用电压表测量直流电压，则万用表选择开关应置于_____。

②用指针式电压表测量直流电压，则选择量程应该使指针在量程满度的_____。

③数字万用表测量交流电压时，其频率范围应在_____。

④测量电压时，电压表输入阻抗的影响使读数比被测电压的实际值_____。

⑤用均值表测量噪声电压，换算系数为_____。

（3）测量直流电压、交流电压

①将直流稳压电源的输出分别调至3V、6V、9V，用示波器和数字万用表测量电压值，并记录下来，填入表5-9中。

表5-9 直流电源电压测量

直流电压	3V	6V	9V
万用表测量值			
示波器测量值			

②将函数信号发生器的正弦波输出频率分别调至100Hz、1000Hz，输出幅度峰峰值5V，用示波器和数字万用表测量电压值，并记录下来，填入表5-10中。

表5-10 函数信号发生器输出电压测量

交流电压峰峰值5V	100Hz	1000Hz	自选频率
万用表测量值			
示波器测量值			

3. 任务评价

对任务完成情况进行检查与评价,将自我评价、小组评价及教师评价得分分别填入表5-11中。

表5-11 检查与评价

任务		操作人员					完成工时			
序号		项目观测点	配分	评分标准(扣完为止)	自我评价	得分	小组评价	得分	教师评价	得分
1	任务实施	仪器、导线选择	5	选择错误每个扣2分						
2		仪器接线	5	接线不规范每处扣1分						
3		电压表量程选择	5	没完成每项扣2分						
4		仪器操作规范	10	不规范操作每次扣5分						
5		仪器读数	10	读数错误每次扣2分						
6		数据记录规范	10	每处扣1分						
7		完成工时	5	超时5分钟扣1分						
8		安全文明	5	未安全操作、整理实训台扣5分						
9	完成质量	检测方法	15	失真每处扣2分						
10		电压测量误差	20	超出误差范围每处扣2分						
11	专业知识	完成练习题	10	未完成或答错一道题扣1分						
合计			100							
加权得分 (自我评价×30%+小组评价×30%+教师评价×40%)										
综合得分										

任务3　使用毫伏表测量交流信号电压

任务描述

用毫伏表测量交流信号电压值，明确毫伏表测量电压的读数与被测电压表征量的关系。

任务分析

了解毫伏表的工作原理，理解读数的响应特性，明确刻度特性，理解波形误差，熟悉读数的换算，掌握交流电压的测量方法。

知识链接

1. YB2173型晶体管毫伏表

YB2173型晶体管毫伏表是测量正弦电压信号有效值的仪器，它具有测量精度高、频率特性好、外形美观、操作方便等优点，而且具有隔直流功能，特别适合在电子电路中使用。YB2173型晶体管毫伏表原理框图如图5-17所示。

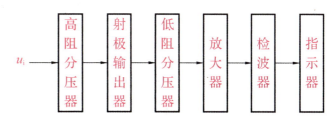

图5-17　YB2173型晶体管毫伏表原理框图

被测交流信号经高阻分压器、射极输出器、低阻分压器后送到放大器，放大后的信号再经检波后由指示器指示，低阻分压器选择不同的分压系数，使仪表具有不同的量程。输入级采用低噪声晶体管组成的射级输出器，提高了仪表的输入阻抗，降低噪声。放大器具有高放大倍数，用于提高仪表的灵敏度。

(1) 基本技术性能

①电压测量范围：300μV～100V。

②量程分为：12级（300μV、1mV、3mV、10mV、30mV、100mV、300mV、1V、3V、10V、30V、100V）。

③被测电压频率：20kHz～2MHz。

④测量精度：1kHz为基准，满度≤±3%。

⑤输入阻抗：1MΩ。

(2) 面板说明

YB2173型晶体管毫伏表的面板布置图和实物图如图5-18所示。

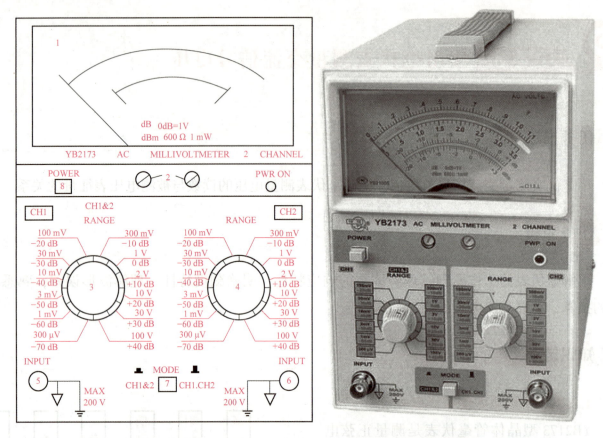

图 5-18　YB2173 型晶体管毫伏表面板布置图和实物图

①表头 1：方便地读出输入电压有效值或电压电平值，上排黑指针指示 CH1 的信号，下排红指针指示 CH2 的信号。

②零点调节 2：指针的零点调节装置，左边的调节 CH1 指针零点，右边的调节 CH2 指针零点。

③量程选择开关 3、4：3 是 CH1 量程选择开关，4 是 CH2 量程选择开关。

④输入接口 5、6：5 是 CH1 的输入接口，6 是 CH2 的输入接口。

⑤方式开关 7：当此开关弹出时，CH1、CH2 量程选择开关仅控制各自的量程；当此开关按进时，CH1 的量程选择开关可控制 CH1、CH2 的电压量程，此时 CH2 的量程选择开关失去作用。

⑥电源开关 8。

（3）使用时的注意事项

①测量精度以毫伏表表面垂直放置为准，使用时应将仪表垂直放置。

②由于晶体管毫伏表输入端过载能力较弱，所以使用时要防止毫伏表过载。一般在未通电使用前或暂不测试时，将仪表输入端短路或将量程选择开关旋到 3V 以上挡级。

③接通交流 220V、50Hz 电源，测量前将输入端短路，待表针摆动稳定时，选择量程，旋转"调零"旋钮，使指针指零。若改变量程，需重新调零。

④使用仪表与被测线路必须"共地"，即接线时应把仪表的地线（黑端）接被测线路公共

地线，把信号端（红端）接被测端。测量时，先接地线，后接信号线，测量结束后，先拆信号线，后拆地线。

⑤由于仪表的灵敏度较高，凡测量毫伏级的低电压时，应尽量避免输入端开路。

必须在输入端接线连好后，再把量程选择开关置于相应的毫伏挡级，测量结束后需改变接线时，必须首先把量程选择开关旋到3V以上量程挡级。然后再把输入端接线与被测电路断开，以免仪表在低量程挡，由于外界干扰过载造成打表针的现象损坏仪表。

⑥若被测电压本身数值较大时，应在接线前先把量程选择开关调到相应的挡级或高一些的挡级，测量时调到相应的挡级，以免超量程损坏仪表。

⑦注意选择合适的量程。选择合适的量程可以减少测量误差，一般使指针在满刻度1/3以上。

2. YB2174型超高频电压表

（1）主要技术性能

①电压测量频率范围：1kHz～1GHz。

②电压测量范围：从1mV～10V共分八挡。

使用40dB分压器（选购件）可扩展至100V。满度值为3mV、10mV、30mV、100mV、300mV、1V、3V、10V。

③电压测量固有误差：3mV挡：±5%+3%（读数值）；其余各挡：±3%+2%（读数值）。

④输入电容：<2.5pF。

⑤输出直流电压：0.1Vrms 输出阻抗为1kΩ。

（2）原理方框图

YB2174型超高频电压表的原理方框图如图5-19所示，面板和实物如图5-20所示。

YB2174型超高频电压表主要由一个高质量的直流放大器、二极管检波器及电源部分组成。被测交流电压由检波器输入，经二极管检波后沿屏

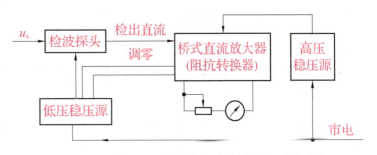

图5-19　YB2174型超高频电压表原理方框图

蔽电缆送至直流放大器的栅极并利用接在直流放大器桥路对角线上的一系列电阻分压及直流微安表指示。

（3）使用说明

机器预热10min左右即可进行测量。

1）交流电压的测量

①探头于测试状态调零，各挡零点均在300mV挡调准，精度最高；不要求精确测量时，可在本挡调零，仍符合本机指标。

②测量时，手持探测器的塑料柄，不要接触金属底座，防止因散热而引起零点漂移。

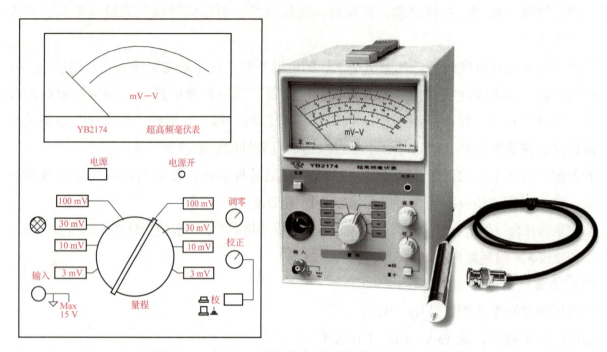

图 5-20　YB2174 型超高频电压表的面板图和实物图

③在 30MHz 以内，可用专用软接地线和长探针进行测量。

④由于放大器的回零时间较长，所以在高量程测量以后转至测量低量程时，须等待完全回零后再进行测量，这样才能保证测量精度。

2）超高频电压测量

① 300MHz 以内，宜用长探针为佳。

②若被测电压高于 30MHz 时，为避免因为分布参数和接触不良而引起的误差，可通过 T 型接头进行测量。

③使用时，用不同的探针，可得到不同的频率附加误差，使用者可参考"频率附加误差"指标，选用不同的探针。

④探测器内的检波二极管严防掉落，当探测器不用时，要夹在机子后面的夹持器上，并应将探头的接地线取下，以防其碰到机壳烧坏机器。

3. 电压表的波形误差

由于电子电压表所要测量的交流电的频率范围宽、幅度差别大、波形种类多、含有噪声干扰等，所以不同种类的电子电压表测量不同的交流电会带来不同的误差。

通过前面的学习，我们知道交流电压的量值可采用平均值电压、峰值电压和有效值电压等多种形式表示。采用的形式不同，数值也不同。但多种形式反映的是同一个被测量，这些数值之间可以相互转换。

（1）波形因数

电压的有效值与平均值之比称为波形因数 K_F，即

$$K_F = \frac{U}{\overline{U}} \tag{5-5}$$

(2) 波峰因数

电压的峰值与有效值之比称为波峰因数 K_P，即

$$K_P = \frac{U_P}{U}$$ (5-6)

常见的几种电压形式的波形因数和波峰因数如表 5-12 所示。

表 5-12　几种典型交流电压的波形参数换算表

序号	名称	波形图	波形系数 K_F	波峰系数 K_P	有效值	平均值
1	正弦波		1.11	1.414	$U_P/\sqrt{2}$	$\dfrac{2}{\pi}U_P$
2	半波整流		1.57	2	$U_P/\sqrt{2}$	$\dfrac{1}{\pi}U_P$
3	全波整流		1.11	1.414	$U_P/\sqrt{2}$	$\dfrac{2}{\pi}U_P$
4	三角波		1.15	1.73	$U_P/\sqrt{3}$	$U_P/2$
5	锯齿波		1.15	1.73	$U_P/\sqrt{3}$	$U_P/\sqrt{2}$
6	方波		1	1	U_P	U_P
7	梯形波		$\dfrac{\sqrt{1-\dfrac{4\varphi}{3\pi}}}{1-\dfrac{p}{x}}$	$\dfrac{1}{\sqrt{1-\dfrac{4\varphi}{3\pi}}}$	$\sqrt{1-\dfrac{4\varphi}{3\pi}}\,U_P$	$\left(1-\dfrac{\varphi}{\pi}\right)U_P$
8	脉冲波		$\sqrt{\dfrac{T}{t_w}}$	$\sqrt{\dfrac{T}{t_w}}$	$\sqrt{\dfrac{t_w}{T}}\,U_P$	$\dfrac{t_w}{T}U_P$
9	隔直脉冲波		$\sqrt{\dfrac{T-t_w}{t_w}}$	$\sqrt{\dfrac{T-t_w}{t_w}}$	$\sqrt{\dfrac{T-t_w}{T}}\,U_P$	$\dfrac{T-t_w}{T}U_P$
10	白噪声		1.25	3	$\dfrac{1}{3}U_P$	$\dfrac{1}{3.75}U_P$

由于正弦波是最基本、应用最普遍的波形，有效值是使用最广泛的电压参数，所以几乎所有的交流电压表都是按照正弦波有效值定度的。但在实际工作过程中，会遇到各种各样的

波形,那么这些波形的电压在用交流电压表测量时,所显示的数值(即示值)是不是所测量的实际数据呢?答案是:不是的。显然,如果检波器不是有效值的,则其标称值(即示值 α)与实际响应值之间存在一个系数,此即电压表的定度系数,记为 K。

4. 均值电压表的定度系数和波形误差

(1) 定度系数

如果用一个平均值检波器电压表测量一个方波电压,显示的值为 10V,由于交流电压表都是按照正弦波有效值进行刻度,即如果用平均值检波器电压表测量的是一个有效值为 10V 的正弦波,该电压表也显示 10V。那么测量的方波电压的平均值是多少呢?

由波形因数的定义,可以知道有效值为 10V 正弦波的平均值为

$$\overline{U} = U/K_F = 10V/1.11 \approx 9V$$

我们知道,在平均值检波器中,不论被测电压是什么波形,流过微安表的电流都与被测电压的平均值成正比。因此,平均值检波器电压表测量方波的平均值也是 9V。即对于平均值检波器电压表,电压表的定度系数

$$K = \frac{\text{实际值}}{\text{示值}} = \frac{9V}{10V} = 0.9$$

也就是说,如果平均值检波器电压表测量一个方波电压,示值是 α,那么实际该方波电压的平均值

$$\overline{U}_x = 0.9\alpha \tag{5-7}$$

如果要知道该方波电压的有效值,可以通过波形因数的定义计算求得方波电压的有效值为

$$U = \overline{U} \cdot K_F = 9V \times 1 = 9V$$

这里是以方波电压为例得到的关系,但实际上,该式对于任何波形电压的测量都成立。因此,均值电压表的读数间接反映了被测量(均值)的大小,式(5-7)反映了这种关系,即均值电压表的读数乘以 0.9 等于被测电压的平均值。

(2) 波形误差

对于均值电压表,测量非正弦电压或失真的正弦波电压时,其读数与实际电压平均值有误差,这个误差是由被测电压波形的不同带来的,因此,我们称该误差为波形误差。那么对于均值电压表,波形误差为

$$\gamma_W = \frac{\alpha - U_x}{\alpha} \times 100\% \tag{5-8}$$

显然,测正弦波时 $\gamma_W = 0$。由于各波形的波形因素与正弦波相差不大,因此,均值电压表的波形失真小。但是,当用均值电压表测量失真正弦电压的有效值时,其测量误差不仅取决于各次谐波的幅度,也取决于它们的相位。

(3) 误差分析

除了上面讲到的波形误差外,均值电压表还会产生以下误差:

①频响误差。若输入信号频率很低,直流表头的指针由于其时间常数的限制,不能稳定于检波器输出的平均值,而有一定的波动,产生低频误差。

当输入信号频率高时,检波器的结电容及电路分布参数的影响越来越严重,从而引起高频误差。

②检波特性变化引起的误差。由于检波电流与检波管的正向电阻、电流表内阻等参数发生变化,也会产生一定的误差,但一般可忽略。

③噪声误差。当输入信号较弱时,检波器固有噪声的影响较大而引起一定的误差。

5. 峰值电压表的定度系数和波形误差

(1) 定度系数

经过一样的分析,如果峰值电压表测量被测电压的峰值电压 U_P。按正弦有效值定度,则示值 α 为

$$\alpha = KU_P = \frac{U_P}{\sqrt{2}} \tag{5-9}$$

即用峰值交流电压表测量非正弦交流电压时,电压表仍然可以反映出被测电压的峰值。但由于电压表刻度是以正弦波有效值定度的,它比正弦波峰值小 $\sqrt{2}$ 倍,因此,必须把指示值乘以 $\sqrt{2}$ 倍才能表示被测电压的峰值,而要知道被测电压的有效值时,必须根据其波形的性质,按表 5-12 所示的波形换算表算出被测电压的有效值。

(2) 波形误差

同均值电压表测量产生波形误差一样,用峰值电压表测量非正弦波或失真的正弦波电压时,若将读数当成输入电压的有效值,也会产生波形误差。而且,峰值电压表的波形失真较大。但用峰值电压表测量正弦电压时,读数就是该正弦电压有效值。

(3) 误差分析

除波形误差外,峰值电压表还会产生如下误差。

①理论误差。从峰值检波器的工作波形可以看出,检波器输出电压的平均值总是略小于被测电压的峰值。而在讨论过程中,忽略了这个小的误差,此时产生的误差即为理论误差。

②低频误差。峰值电压表通常用来测量高频电压,如果用来测量低频信号,则由于被测信号的周期大,放电时间长,会造成低频误差。

③高频误差。由于检波器的高频特性以及电路中各种高频参数的影响而引起的误差。

④非线性误差。当输入信号幅度较小时,检波器工作于特性曲线的非线性区域,出现明显的非线性,导致测量误差。

6. 有效值电压表的定度系数和波形误差

对于有效值电压表,表头刻度总为被测电压的有效值,而与被测电压波形无关,这是有效值电压表的最大特点。因此,对于有效值电压表,它的误差系数对于不同波形的电压,测量得到的波形误差为零。

实际上,利用有效值电压表测量非正弦信号时,是有可能产生波形误差的。一方面,受

电压表线性工作范围的限制，当测量波峰因数大的非正弦波时，有可能削波，从而使这部分波形得不到响应；另一方面，受电压表带宽限制，多次谐波会受到一定损失，这都会使示值偏低，产生波形误差。

7. 三种电子电压表的比较

峰值电压表、均值电压表和有效值电压表各有特点，测量时应结合被测信号特点合理选用，以获得最佳测量效果。

（1）峰值电压表

①输入阻抗高，可达数兆欧姆，工作频率宽，高频可达数百兆赫兹以上，低频小于 10kHz。

②读数按正弦有效值刻度，只有测量正弦电压时，其有效值才是被测波形电压的真正有效值。测量非正弦电压时，其有效值必须通过波形换算得到。

③波形误差大。

④读数刻度不均匀，因为它是在小信号时进行检波的。

（2）均值电压表

①均值检波器的输入阻抗低，必须通过阻抗变换来提高电压表的输入阻抗。工作频率范围一般为 20Hz～1MHz。

②读数按正弦波有效值刻度，只有测量正弦电压时，读数才正确，若测量非正弦电压，也要进行波形换算。

③波形误差相对不大。

④对大信号进行检波，读数刻度均匀。

（3）有效值电压表

①读数按正弦电压有效值刻度，测量正弦或非正弦电压的有效值，可直接从表上读数，无须换算。

②输入阻抗高，工作频率在峰值与均值电压表之间。高频可达几十兆赫兹，低频小于 50Hz。

8. 噪声的测量

在电子测量中，习惯上把信号电压以外的电压统称为噪声。从这个意义上说，噪声应包括外界干扰和内部噪声两大部分。由于外界干扰在技术上是可以消除的，所以最终关心的噪声电压的测量主要是对电路内部产生的噪声电压的测量。

电路中固有噪声主要有热噪声、散弹噪声和闪烁噪声等。在这三种主要类型的噪声中，闪烁噪声又称为 $1/f$ 噪声，主要对低频信号有影响，又称为低频噪声；而热噪声和散弹噪声在线性频率范围内部能量分布是均匀的，因而被称为白噪声。白噪声是一种随机信号，其波形是非周期性的，变化是无规律的，电压瞬时值按高斯正态分布规律分布，噪声电压一般指的是噪声电压的有效值。

对于一个放大器，如将其输入端短路，即在输入信号为零时，我们仍能从输出端测得交流电压，这就是噪声电压。噪声严重时会影响放大器（或一个系统）传输弱信号的能力。

噪声电压的测量方法主要有电压表法和示波器法。

（1）用交流电压表测量噪声电压

由于噪声电压一般指有效值，因此可直接采用有效值电压表测量噪声电压的有效值，也可采用平均值电压表进行噪声电压的测量，但用平均值电压表测量噪声电压时应注意以下几点。

①刻度的换算。我们已经知道，除了有效值电压表外，其他响应的电压表在测量非正弦波时，都会产生波形误差。所以，必须根据噪声电压的波形系数进行换算。

②电压表的频带宽度大于被测电路的噪声带宽。

③根据噪声的特性，在某些时刻噪声电压的峰值可能很高，也可能会超过表中放大器的动态范围而产生削波现象，所以在噪声测量中，平均值电压表指针应指在表盘刻度线的 1/3～1/2 之间读数，以提高测量准确度。

（2）用示波器测量噪声电压

示波器的频带宽度很宽时，可以用来测量噪声电压。示波器的使用极其方便，尤其适合于测量噪声电压的峰峰值。

测量时，将被测噪声信号通过 AC 耦合方式送入示波器的垂直通道，将示波器的垂直灵敏度置于合适的挡位，将扫描速度置较低挡，在荧光屏上即可看到一条水平移动的垂直亮线，这条亮线垂直方向的长度乘以示波器的垂直电压灵敏度就是被测噪声电压的峰峰值，然后利用噪声电压的波形系数进行换算即可求出有效值。

任务实施

1. 课前准备

课前完成线上学习，熟悉毫伏表性能指标、面板装置按钮的功能及作用。

2. 任务引导

（1）准备工作

①准备仪器：小组讨论，观察列出毫伏表测量交流电压所用器材名称、型号、数量、作用并填入表 5-13 中。

表 5-13　测量器材

序号	器材名称	型号	数量	作用
1				
2				
3				
4				
5				

②使用前请先仔细阅读使用说明书。

③测量、试验的准备工作。

请先检查市电电压，确认市电电压在220V±10%范围内，方可将电源线插头插入本仪器后面板电源线插座内，供仪器随时开启工作。

2）完成练习题

①双斜积分式DVM中引入自动校零是为了克服DVM的_____误差。

②DVM的分辨力是指_____。

③下列模拟电子电压表中，属于检波-放大式的是_____。

A. 有效值电压表　B. 均值电压表　C. 峰值电压表

④峰值电压表的基本组成形式为_____。

⑤逐次逼近比较式A/D变换器的变换时间与输入电压大小_____。

（3）正弦交流电压测量

①用示波器和交流毫伏表测量信号发生器输出的特定正弦交流电压，按图5-21所示连接仪器，将交流毫伏表量程调为最大。

②将函数信号发生器的频率调至1kHz，用交流毫伏表（作为标准表）将正弦输出电压分别调至2V、4V、8V。然后用万用表和示波器分别测量相应的正弦电压，将测量数据记录在表5-14中。

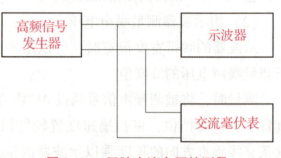

图5-21　正弦交流电压的测量

表5-14　正弦交流电压的测量

	正弦电压	2V	4V	8V
万用表测量	读数值 α			
	绝对误差 ΔU			
	示值相对误差（%）			
示波器测量	峰峰值 U_{pp}			
	有效值 U			
	绝对误差 ΔU			
	示值相对误差（%）			

（3）非正弦交流电压测量

①用示波器和交流毫伏表测量信号发生器输出的特定非正弦交流电压，按图5-21所示连接仪器，将交流毫伏表量程调为最大。

②将函数信号发生器的频率为1kHz的三角波，用交流毫伏表（作为标准表）将三角波输出电压分别调至2V、4V、8V，然后使用万用表、毫伏表和示波器分别测量出相应三角波的电压，并将测量及计算的数据填入表5-15中。

表 5-15 三角波电压的测量

正弦电压		2V	4V	8V
交流毫伏表测量	读数值 α			
	平均值 $\overline{U}$			
	有效值 U			
	峰值 U_p			
万用表测量	读数值 α			
	绝对误差 ΔU			
	示值相对误差（%）			
示波器测量	峰峰值 U_{pp}			
	有效值 U			

③将函数信号发生器的频率为 1kHz 的方波，用交流毫伏表（作为标准表）将方波输出电压分别调至 2V、4V、8V，然后使用万用表、毫伏表和示波器分别测量出相应方波的电压，并将测量及计算的数据填入表 5-16 中。

表 5-16 方波电压的测量

正弦电压		2V	4V	8V
交流毫伏表测量	读数值 α			
	平均值 $\overline{U}$			
	有效值 U			
	峰值 U_p			
万用表测量	读数值 α			
	绝对误差 ΔU			
	示值相对误差（%）			
示波器测量	峰峰值 U_{pp}			
	有效值 U			

5. 任务评价

对任务完成情况进行检查与评价，将自我评价、小组评价及教师评价得分分别填入表 5-17 中。

表 5-17 检查与评价

任务序号		项目观测点	配分	评分标准（扣完为止）	操作人员				完成工时	
					自我评价	得分	小组评价	得分	教师评价	得分
1	任务实施	仪器、导线选择	5	选择错误每个扣 2 分						
2		仪器接线	5	接线不规范每处扣 1 分						
3		仪器自检与调零	5	没有完成自检每项扣 2 分						
4		仪器操作规范	10	不规范操作每次扣 5 分						
5		仪器读数	10	读数错误每次扣 2 分						
6		数据记录规范	10	每处扣 1 分						
7		完成工时	5	超时 5 分钟扣 1 分						
8		安全文明	5	未安全操作、整理实训台扣 5 分						
9	完成质量	检测方法	15	失真每处扣 2 分						
10		电压测量误差	20	超出误差范围每处扣 2 分						
11	专业知识	完成练习题	10	未完成或答错一道题扣 1 分						
合计			100							
加权得分（自我评价×30%+小组评价×30%+教师评价×40%）										
综合得分										

思考与练习 5

1. 简述电压测量的特点。

2. 如图 5-22 所示，用 MF47 型万用表 10V 及 50V 量程分别测量具有高内阻的回路的输出电压 E_0。计算由于测量方法引起的相对误差。已知 MF47 直流电压挡的电压灵敏度为 20kΩ/V。

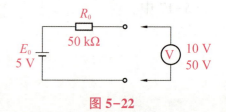

图 5-22

3. 用正弦有效值刻度的均值表测方波电压，读数为 10.0V，问该方波峰值为多少伏？

4. 某三角波的峰值为 5.0V，用正弦有效值刻度的峰值表测量，问读数为多少伏？

5. 如图 5-23 所示，已知三种交流电压的幅值均为 1.00V。若分别用正弦有效值刻度的均值表、峰波表和有效值表测量时，问三种表的读数各为多少？

6. 用峰值表和均值表分别测量同一波形，读数相等。这可能吗？为什么？

7. 已知某电压表采用正弦有效值刻度，如何以实验方法判别它的检波类型？试列出两种方案，并比较哪一种方案更合适。

8. 试列举测量电压的仪器名称，并说明其测量范围。

9. 我们经常使用的万用表也有测量交流电压的功能，能否用以代替毫伏表测量交流信号的电压？为什么？请根据实验结果并查阅有关资料作答。

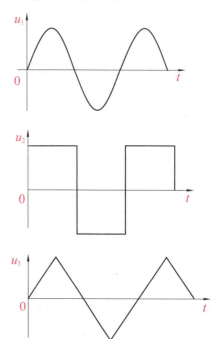

图 5-23

项目六

数字示波器的使用

学习目标

了解数字示波器的基本功能与种类,理解其技术性能指标,熟悉面板旋钮含义与作用,知道示波器专用探头的作用,并会使用探头对示波器进行自检与观察波形。能正确设置、调节、使用数字示波器测量电信号波形、参数,并运用信号发生器和数字示波器组合成简单的测量系统进行信号测试。培养学生团队协作精神,养成规范使用仪器仪表,严谨科学的实验测量习惯。

任务描述

初步了解示波器的作用和种类,学习数字示波器主要技术指标,面板结构、探头结构与使用,操作数字示波器完成自检及测量准备工作。

任务分析

首先熟悉数字示波器基本功能与分类情况,理解其主要技术指标,熟悉其面板旋钮布局与功能,要求使用探头按步骤操作完成示波器自检,必要时对示波器进行使用前的调整。

知识链接

1. 电子示波器概述

示波器是电子示波器的简称,一种能够显示电压信号动态波形的电子测量仪器。它能够将时变的电压信号,转换为时间域上的曲线,使原来不可见的电信号,就此转换为在二维平面上直观可见的光信号,因此能够分析电气信号的时域性质。示波器是一种基本的、应用最广泛的时域测量仪器。若利用传感器将各种物理参数转换为电信号后，可利用示波器观测各种物理参数的数值大小和变化。示波器是其他图示式仪器的基础，通过学习掌握了示波器的组成原理后，对扫频仪、频谱仪、逻辑分析仪及医用 B 超等各种图示式仪器就容易理解了。

示波器的种类分为两大类：模拟示波器和数字示波器。模拟示波器以连续方式将被测信号显示出来。数字示波器首先将被测信号抽样和量化，变为二进制信号存储起来，再从存储器中取出信号的离散值，通过算法将离散的被测信号以连续的形式在屏幕上显示出来。

随着微电子技术和计算机技术的飞速发展，20 世纪 80 年代，数字示波器异军突起，技术发展很快，各项性能指标赶上并超过了模拟示波器，而且有许多功能是模拟示波器无法实现的。

近 20 多年来，数字示波器领域发展迅猛，在信号捕获技术、波形处理技术上不断有新的突破；在结构上有台式、便携式、手持式多种型号供选择；在功能上已集成了时域、频域、模拟、数字及射频信号的分析功能，创新地提出了"混合域"示波器的新概念。随着微电子技术、计算机技术、软件技术的发展，数字示波器技术的发展也必将日新月异。本项目内容将以数字示波器为例介绍示波器的使用方法。

2. 数字示波器主要技术指标

（1）数字示波器的带宽

数字示波器带宽是由垂直通道放大器模拟带宽决定。数字示波器带宽是包含测试探头的系统带宽。数字示波器系统带宽不足，会引起上升时间慢和异常波形幅度衰减的现象。在测量电信号波形时，若要改善和提高测量精度，就需要提高数字示波器系统带宽，为了获得正确的振幅测量，数字示波器的系统带宽应该在被测信号最高频率的 5 倍以上。

（2）数字示波器采样率

单位时间内对信号进行抽样的次数（Sa/s 或 SPS）称为数字示波器采样率。在确定示波器的带宽后，还要选择足够的采样率来与之相配合，这样才能获得适合于实际测量中的实时带宽，从而获得满意的显示和测量结果。示波器采样率不足，将会使信号失去高频成分，影响对信号的完整性测量。如：使信号上升和下降时间变慢，或造成波形漏失。如果在实际的测量中，比较重视单次信号的精确信息，建议采样率要在被测信号最高频率的 5 倍以上。通常数字示波器会自动为被测信号设置合适的采样率。

（3）数字示波器存储深度

存储深度定义：可被数字示波器一次性采集的波形点数，最大存储深度表示数字示波器在最高采样率下连续采集并存储采样点的能力，通常用采样点数（pts）表示。最大存储深度由示波器的存储容量决定，要增加存储容量才能提高存储深度。存储深度是捕获和显示电信号波形的重要技术指标。

数字示波器的电信号波形存储由两个方面来完成：触发信号和延时的设定确定了波形采样及存储的起始时间；而存储深度则决定了波形数据存储的终点，采样时间×采样率＝存储深度。

3. DS5022M 型数字示波器

（1）DS5022M 型数字示波器技术指标

通用数字示波器面板组成结构大同小异，现以 DS5022M 型数字示波器为例进行介绍，DS5022M 型数字示波器主要技术指标如表 6-1 所示。

表 6-1 DS5022M 型数字示波器主要技术指标

序号	名称	指标
1	带宽	25MHz
2	实时采样率	250MSa/s
3	等效采样率	50GSa/s
4	上升时间	14ns
5	输入阻抗	1MΩ//13pF
6	时基范围	20ns/div～50s/div
7	李沙育图形带宽	25MHz
8	相位差	±3°
9	显示	单色液晶屏
10	通道数	双通道+外触发
11	存储深度	每通道 4K
12	垂直灵敏度	2mV/div～5V/div
13	垂直分辨率	8 位
14	输入通道	耦合
15	A1&A2	直流、交流、接地
16	触发类型	边沿、视频、脉宽、延迟
17	触发方式	自动、普通、单次
18	触发源	CH1、CH2、EXT、EXT/5、ACLINE
19	水平精度	±0.01%
20	最大输入电压	400V（DC+AC 峰值、1MΩ 输入阻抗、10X），5V（Vrms、50Ω 输入阻抗、BNC 处）
21	数学操作	加、减、乘、除、反相
22	自动测量	峰峰值、幅值、最大值、最小值、底端值、平均值、均方根值、过冲、预冲、频率、周期、上升时间、下降时间、正脉宽、负脉宽、正占空比、负占空比、延迟 1→2 的测量
23	光标测量	手动模式、追踪模式、自动测量模式

续表

序号	名称	指标
24	存储	10 组波形、10 种设置
26	存储深度	1024 点
27	电源全球通用	100~240V/40W 较大值

（2）DS5022M 型数字示波器面板结构

如图 6-1 所示，DS5022M 型数字示波器面板左面为显示屏，旁边是 5 个与屏幕菜单对应的操作键，右边是功能操作键钮。为尽量减少面板上的操作键钮数量，通常采用硬、软键结合，主、子菜单嵌套及多功能键钮等方式。DS5022M 型数字示波器具有简单而功能清晰的前面板以进行基本操作。面板上包括旋钮和功能按键。旋钮的功能与其他示波器类似。显示屏右侧的一列 5 个灰色按键为菜单操作键（自上而下定义为 1 号至 5 号）。通过它们可以设置当前菜单的不同选项。其他按键为功能键，通过它们可以进入不同的功能菜单或直接获得特定的功能应用。

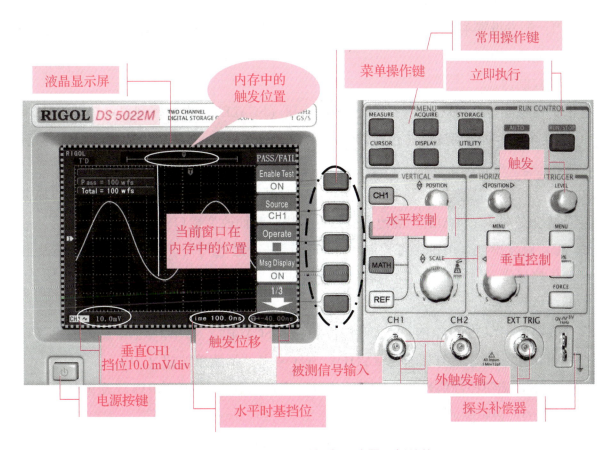

图 6-1　DS5022M 型数字示波器面板结构

其面板主要操作按键功能介绍如下。

①常用操作键具有六个主操作键。

自动测量键（MEASURE）、采样设置键（ACQURE）、存储位置键（STORAGE）、光标测量键（CURSOR）、设置显示键（DISPLAY）、系统功能设置键（UTILTY）。通过以上六个常用操作键可以控制菜单操作键，按不同的菜单操作键可以获得相应功能，及其数据和波形。

②立即执行键具有两个操作键。

自动设置键（AUTO）和运行/停止键（RUN/STOP）。

运行/停止按钮（RUN/STOP）是运行和停止波形采样。

注意：在停止状态下，对于波形垂直挡位和水平时基可以在一定范围内调整，相当于对信号进行垂直和水平方向上的扩展。在水平挡位为50ms或更小时，水平时基可向上或向下扩展5个挡位。

如果需要，还可以手工调整以下这些控制使波形显示达到最佳。

③触发控制区包括。

有触发电平调整旋钮（LEVEL）、触发菜单按钮（MENU）、设定触发电平在信号垂直中点（50%）、强制触发按键（FORCE）。

LEVEL：触发电平设定触发点对应的信号电压。

FORCE：强制产生触发信号，主要用于触发方式中的"普通"和"单次"模式。

MENU：触发设置菜单键。可控制菜单操作键，进行触发方式、信源选择、边沿类型、耦合等各项功能的应用。

④水平控制区。

有水平位移旋钮（POSITION）、水平挡位旋钮（SCALE）、水平控制菜单按键（MENU）。

POSITION：调整通道波形（包括数学运算）的水平位置。该控制钮的解析度根据时基而变化。

SCALE：调整主时基或延迟扫描（Delayed）时基，即秒/格（s/div）。当延迟扫描被打开时，将通过改变水平（SCALE）旋钮改变延迟扫描时基而改变窗口宽度。

MENU：触发设置菜单键。可控制菜单操作键进行延迟扫描、格式、触发位移及触发释抑、触发位移复位、触发释抑复位等各项功能的应用。

⑤垂直控制区。

垂直位移旋钮（POSITION）、垂直挡位旋钮（SCALE）、菜单和通道关闭按钮（OFF）、通道CH1和CH2、数学运算按钮（MATH）、显示参考波形菜单按钮（REF）。

POSITION：旋钮控制信号的垂直显示位置。当转动垂直（POSITION）旋钮时，指示通道（GROUND）的标识跟随波形上下移动。

SCALE：转动该旋钮改变"Volt/div（伏/格）"垂直挡位，可以发现状态栏对应通道的挡位显示发生了相应的变化。

按"CH1""CH2""MATH""REF"键，屏幕显示对应通道的菜单、标志、波形和挡位状态信息。按"OFF"键关闭当前选择的通道。

注意："OFF"按键具有关闭菜单的功能。当菜单未隐藏时，按"OFF"按键可快速关闭菜单。如果按"CH1"或"CH2"后立即按"OFF"键，则同时关闭菜单和相应的通道。

通过上述简单介绍可以体会到，数字示波器的功能相当丰富，在需要时，可进一步阅读《DS5022M型数字示波器用户手册》进一步了解各项功能。

(3) 示波器探头

示波器的输入端的馈线也称为探头。在使用示波器时需要通过探头将被测信号耦合到示波器的Y轴输入端。示波器的探头中设置有脉冲分压器。一般还设置有一个×10的衰减开关（即将输入信号衰减10倍）。脉冲分压器如图6-2所示。

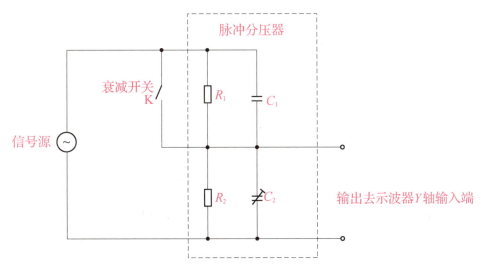

图6-2 脉冲分压器

脉冲分压器有两个时间常数，$\tau_1 = R_1C_1$，$\tau_2 = R_2C_2$。当信号源为矩形脉冲时，只有当$\tau_1 = \tau_2$时，输出端的脉冲才与输入脉冲波形相同，但是幅度将会变小，为输入脉冲幅度的$R_2/(R_1+R_2)$倍。如果$\tau_1 \neq \tau_2$，则输出脉冲会变形，如图6-3所示。

在脉冲分压器中，C_2是微调电容，通过调节C_2，就可以做到$\tau_1 = \tau_2$。C_2的调节方法是这样的：将一个矩形脉冲通过探头连接到示波器的输入端，调节C_2，使示波器上所显示的矩形波最为理想，这称为探头的校准。为了校准探头的方便，示波器内部专门设置有一个$1kHz/3V_{PP}$的方波输出，称为校准信号。由此可见，校准信号是用于校准示波器的探头的。

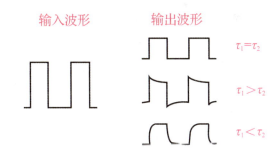

图6-3 脉冲分压器输出的波形

通常，$R_1 = 9M\Omega$，$R_2 = 100k\Omega$，当探头校准后，$\tau_1 = \tau_2$，此时脉冲分压器的输出幅度为输入幅度的1/10倍，即探头具有10倍衰减。这将导致示波器的实际使用灵敏度下降10倍。故一般示波器探头中设置有一个衰减开关，如图6-2中所示的开关K。

对于示波器探头的使用，测量高频时，应采用×10挡位，低频时两个挡位都可以采用。而校准探头时，则必须在×10挡位进行。在对脉冲信号进行测量，或者要求严格时，应该先校准示波器探头。而且，把这台示波器上的探头用于另外一台示波器上时，应该重新校准探头。

图 6-4 中的 R_1 和 C_1 一般安装在探头的前端，与衰减开关处于同一位置。而 R_2 和 C_2 则位于探头的另一端，即 BNC 插头处，那里有一个小孔，小孔里面是微调电容 C_2 的调节槽。如图 6-6 所示，示波器专门配备有调节用的无感小起子。

图 6-4　示波器探头

任务实施

1. 课前准备

课前完成线上学习，熟悉 DS5022 型数字示波器性能指标、面板装置按钮的功能及作用。

2. 任务引导

（1）准备工作

准备仪器：小组讨论，列出数字示波器自检所需要的器材名称、型号、数量、作用填入表 6-2 中。

表 6-2　仪器清单

序号	器材名称	型号	数量	作用
1				
2				
3				
4				

（2）完成练习（简答）题

①采样率，存储深度，采样时间，三者是什么关系？

②等效采样是否可以观察非重复的突发信号？

③采样定理是什么？

④CH2 是垂直通道还是水平通道？

⑤水平旋钮（SCALE）是起什么用的？

⑥垂直旋钮（POSITION）是起什么用的？

⑦在实际测量中，数字示波器的带宽和被测电信号最高频率有什么关系？DS5022 型数字示波器在不使用扩展带宽探头的情况下能测的信号的最高频率是多少？

⑧示波器的测试探头是否可以随意更换？

⑨什么情况下需要使用外触发方式？

⑩DS5022 型数字示波器输出自控信号的频率、幅度是多少？

(3) 开机检查

使用前请先仔细阅读使用说明书。如图 6-5 所示，将仪器电源线接入 220V/50Hz 电源，将数字示波器开机预热片刻，将示波器专用探头与示波器 CH1 通道连接，注意 BNC 插座上接上测试探头的插头时，对准卡口插进去之后顺时针拧一下，卡牢即可。不可用力过大，也不可以用力拽拉测试线。

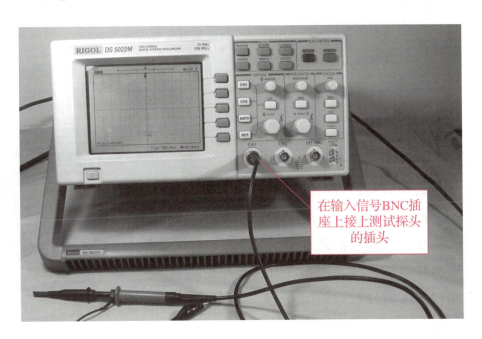

图 6-5 数字示波器测试线连接

数字示波器专用测试探头外形结构、调节孔及衰减开关如图 6-6 所示，图中标注有操作方法。

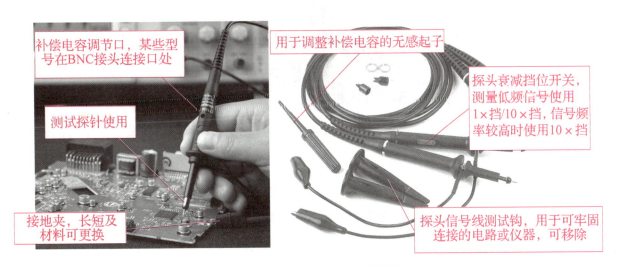

图 6-6 数字示波器专用测试探头

请按以上操作连接示波器与专用测试探头，并把开机检查情况记录在表 6-3 中。

表 6-3　开机检查情况

序号	项目	说明
1	数字示波器是否正常开机	
2	数字示波器屏幕是否正常显示	
3	数字示波器运行时是否有异常声音	
4	参照说明书检测示波器所用测试线规格是否配套	
5	检查测试线探头及地线是否完好	
6	检查有无无感起子	

（4）自检调整

在使用本仪器进行测试工作之前，须用示波器自带校准信号进行自检，可对其进行自校检查和调整，以确定仪器工作正常与否。

①将接地夹接在探头补偿器地线处，将测试探头接到探头补偿器的连接器上，注意接线顺序，先接地线，后接信号线，如图6-7、图6-8所示校准信号接入方法。

图 6-7　校准信号接入示意图

图 6-8　校准信号接入方法示意图

②校准信号的作用。

数字示波器提供一个频率为1kHz，电压为3V的校准信号，其作用有以下几点。

a. 可以用于检查示波器自身的测量是否正确。

b. 可以检查输入探头功能是否正常。

c. 当使用比较法测量其他信号时，需统一标准作为参考信号。

③数字示波器设置探头衰减系数，此衰减系数改变仪器的垂直挡位比例，从而使测量结果正确反映被测信号的电平，选择与使用的探头同比例的衰减系数。如图6-9所示，探头衰减设置为1×。

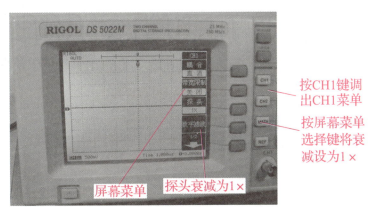

图 6-9　探头衰减开关拨到 1×时设置示波器衰减系数为 1×

④按 AUTO（自动设置）按钮，几秒钟内，可见到如图 6-10 所示校准信号方波显示频率 1kHz，峰峰值约 3V，说明接入探头线完好，并且示波器 Y 通道和 X 通道测试准确。

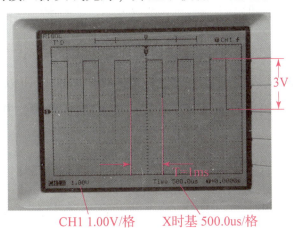

图 6-10　校准信号的测量

按以上操作，并将测量结果填写在表 6-4 中。

表 6-4　CH1 通道自检表 1

校准信号波形是否与图 6-10 相同					
校准信号峰峰值（　　）格	CH1 挡位（　　）V/div		校准信号峰峰值（　　）V		
校准信号周期（　　）格	时基挡位（　　）μs/div		校准信号频率值（　　）Hz		
以上测得值是否等于校准信号标称值					

（5）探头补偿调整

检查探头中补偿电容是否处于最佳值。此时将探头衰减挡位开关拨至 10×，按图 6-9 所示方法将示波器衰减系数调整为 10×。使用示波器标配无感起子将补偿电容调节口中可调电容调至最佳值。当显示波形如图 6-11（a）所示时，说明补偿电容已是最佳值，若如图 6-11（b）、图 6-11（c）所示，则应调整探头上的微调电容，直至出现图 6-11（a）所示波形为止。

(a)最佳补偿　　　　　(b)过补偿　　　　　(c)欠补偿

图 6-11　探头补偿波形

按以上操作，并完成表 6-5 中的填写。

表 6-5　CH1 通道自检表 2

操作项目	情况说明
探头衰减挡位开关位置	
示波器衰减系数	
补偿电容调整前是以上哪一种波形	
补偿电容调整后是以上哪一种波形	
探头中补偿电容有无损坏	

以同样的方法换一根测试线检查 CH2 通道。按一下 CH1 按钮以关闭 CH1 通道，此时示波器屏幕上无波形，按 CH2 按钮以打开 CH2 通道，重复以上步骤。并分别完成表 6-6、表 6-7 中的填写。

表 6-6　CH2 通道自检表 1

校准信号波形是否与图 6-11 相同			
校准信号峰峰值（　　）格	CH1 挡位（　　）V/div	校准信号峰峰值（　　）V
校准信号周期（　　）格	时基挡位（　　）μs/div	校准信号频率值（　　）Hz
以上测得值是否等于校准信号标称值			

表 6-7　CH2 通道自检表 2

操作项目	情况说明
探头衰减开关挡位位置	
示波器衰减系数	
补偿电容调整前是以上哪一种波形	
补偿电容调整后是以上哪一种波形	
探头中补偿电容有无损坏	

注意事项：

①使用前请仔细阅读设备说明书。

②示波器表面的干燥和清洁，将设备放置在通风、干燥的环境下操作。

③示波器启动前，先检查电源接头是否接好，检查电源开关是否按实，是否正常接地。

④此示波器为精密仪器，非相关专业人员禁止调试示波器，以免操作不当，造成仪器内部设置参数丢失或仪器出现故障损坏现象。

⑤每次使用前应对测试探头进行补偿校正，以提高测试准确性。

⑥不使用时，请先关闭示波器电源开关，再关总电源。

3. 任务评价

对任务完成情况进行检查与评价，将自我评价、小组评价及教师评价得分分别填入表6-8中。

表6-8 检查与评价

任务序号		项目观测点	配分	评分标准（扣完为止）	操作人员自我评价	得分	完成工时小组评价	得分	教师评价	得分
1	任务实施	仪器、导线选择	5	选择错误每个扣2分						
2		仪器接线	5	接线不规范每处扣1分						
3		数字示波器面板按钮功能识别	5	无法正确理解功能的每项扣2分						
4		仪器基本操作保养规范	10	不规范操作每次扣5分						
5		衰减开关与衰减系数设置	10	设置错误每次扣2分						
6		数据记录规范	10	每处扣1分						
7		完成工时	5	超时5分钟扣1分						
8		安全文明	5	未安全操作、整理实训台扣5分						
9	完成质量	检测方法	15	失真每处扣2分						
10		电压测量误差	20	超出误差范围每处扣2分						
11	专业知识	完成练习题	10	未完成或答错一道题扣1分						
	合计		100							
	加权得分（自我评价×30%+小组评价×30%+教师评价×40%）									
	综合得分									

136 电子测量仪器

任务拓展

示波器作用操作总结。

通过上面的学习、使用和任务的完成，总结数字示波器操作方法，按要求填写在表6-9中。

表6-9 示波器操作总结表

要求	调节按钮	标记	现象
示波器输入接地			
选择输入通道			
选择信号输入方式			
根据信号选择耦合方式			
纵向调节			
横向调节			
调节图形稳定			
测量物理量的选择			
选择操作标尺			
移动操作标尺			
切换移动标尺的粗调细调			
处于校准状态			

注：也可以在完成任务2后，再完成此【任务拓展】。

任务二　使用数字示波器测量电信号参数

任务描述

用数字示波器观察信号波形、测量信号参数。

任务分析

学习数字示波器常用参数设置方法，熟悉使用各种常用功能，并能使用数字示波器观察信号发生器输出的信号波形，观测实际电路中的信号波形及参数。

知识链接

1. 数字示波器的触发功能

通过触发控制来实现波形的存储。触发的概念来自模拟示波器,只有当触发信号出现后才产生扫描锯齿波,显示 Y 通道的模拟信号。因此,在模拟示波器中,只能观测触发点以后的波形。在数字示波器中也沿用触发的叫法,设置了触发功能。但这里触发信号只是在采样存储器中选取信号的一种标志,以便灵活地选取采样存储器中某部分的波形送至显示窗口。通常,数字示波器设有延迟调节,可以自由地改变触发点的位置。如图 6-12 所示有预触发和后触发。预触发/后触发是指能够以触发点为参考,灵活移动波形存储和显示窗口的一种能力。通常,预触发指能够观测触发点前的波形;后触发指能够观测触发点出现后延迟给定条件(如采样点数、时间、事件)的波形。数字示波器触发类型、原理及用途见表 6-10。

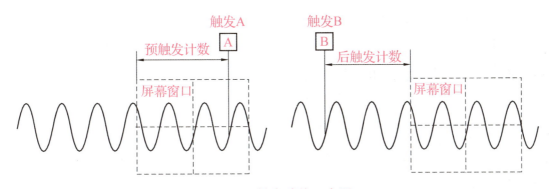

图 6-12 触发功能示意图

表 6-10 触发类型的原理与用途

序号	触发类型	原理	用途
1	边沿触发	在输入信号边沿给定方向和电平值上触发	保证周期性信号具有稳定重复的起点
2	延迟触发	在边沿触发点处增加正/负延迟调节	调节触发点在屏幕上出现的位置
3	脉宽触发	设定脉冲的宽度来确定触发时刻	捕捉异常脉宽信号
4	斜率触发	依据信号的上升/下降速率进行触发	捕获上升边沿异常斜率信号
5	视频触发	对标准视频信号进行任意行或场触发	检测电视信号质量
6	交替触发	对两路信号采用不同的时基、不同的触发方式,以稳定显示两路信号	当两路信号中有一路信号不稳定时采用
7	码型触发	以数字信号的特殊码型作为触发判决条件	查看特定并行逻辑码型
8	持续时间触发	在满足码型条件后的指定时间内触发	查看连续并行逻辑码型
9	毛刺触发	在设定的时间内判断信号波形有无上升沿与下降沿紧跟变化的情况	捕捉电路中尖峰干扰

另外，数字示波器中的触发控制与模拟示波器中的有些类似，例如：

触发源选择：内触发（可分别由通道1或通道2触发）、外触发、交流电源触发等。

触发耦方式：直接耦合、交流耦合、低频抑制、高频抑制。

触发模式选择：自动、正态、单次等。

触发类型：在模拟示波器中只有边沿触发，而在数字示波器中提供了许多特定的触发设置，能从采样存储器中根据设定的信号波形特征作为触发标志点，然后将这部分波形送至显示窗口，为观测提供方便。表6-10列出了多种触发类型的原理与用途。不同型号的数字示波器提供的触发类型不一定都相同，还有一些触发类型，如压摆率触发、逻辑触发、矮脉冲触发、建立和保持触发、超时触发等，需要时可参阅说明书。

2. 触发与触发释抑

所谓触发释抑就是指在一个预置时间间隔（或事件数）内，抑制触发事件。触发释抑的主要作用就是调整触发信号，使其成为一个标准的周期信号，从而达到稳定显示波形的目的，如图6-13所示。为解决某些复杂信号具有多个可能的触发点问题，系统可采用触发释抑电路，即暂时屏蔽触发一段时间，在这段时间里，即使有满足触发条件的信号示波器也不会触发。

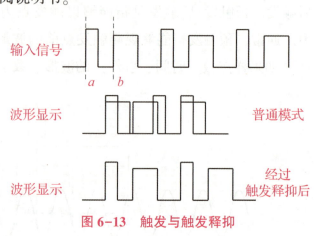

图6-13 触发与触发释抑

如图6-13所示，触发释抑通过控制释抑时间，即触发电路重新启动的时间，可使复杂的波形稳定显示。

3. 波形参数计算

（1）电压类参数

电压类参数如图6-14所示。

最大值：波形最高点至GND（地）的电压值。

最小值：波形最低点至GND（地）的电压值。

峰峰值：波形最高点至最低点的电压值。

顶端值：波形平顶至GND（地）的电压值。

底端值：波形平底至GND（地）的电压值。

幅值：波形顶端至底端的电压值。

平均值：整个波形或选通区域上的算术平均值。

均方根值：整个波形或选通区域上的均方根值，通常用Vrms表示，也就是有效值。

（2）时间类参数

信号波形时间类参数如图6-15中所示。

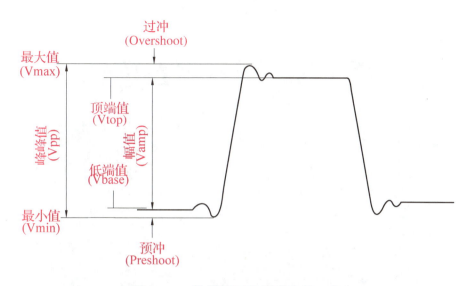

图 6-14 信号波形电压类参数示意

周期：定义为两个连续、同极性边沿的中阈值交叉点之间的时间。

频率：定义为周期的倒数。

上升时间：信号幅度从 10% 上升至 90% 所经历的时间。

下降时间：信号幅度从 90% 下降至 10% 所经历的时间。

正脉宽：从脉冲上升沿的 50% 阈值处到紧接着的一个下降沿的 50% 阈值处之间的时间差。

负脉宽：从脉冲下降沿的 50% 阈值处到紧接着的一个上升沿的 50% 阈值处之间的时间差。

正占空比：正脉宽与周期的比值。

负占空比：负脉宽与周期的比值。

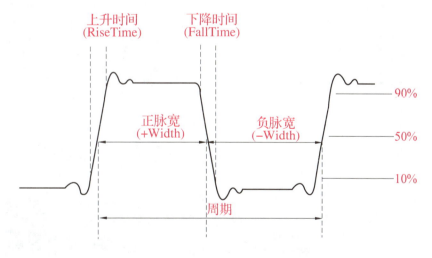

图 6-15 信号波形时间类参数示意

4. 数字示波器手动调整参数及功能设置

数字示波器参数显示如图 6-16 所示，对应显示屏中所显示测量功能状态。

（1）输入耦合选择

输入耦合有三种方式，分别是：接地、交流和直流耦合。可根据信号特征或测量的需要选择耦合方式，如图6-17所示，选择是直流耦合方式。

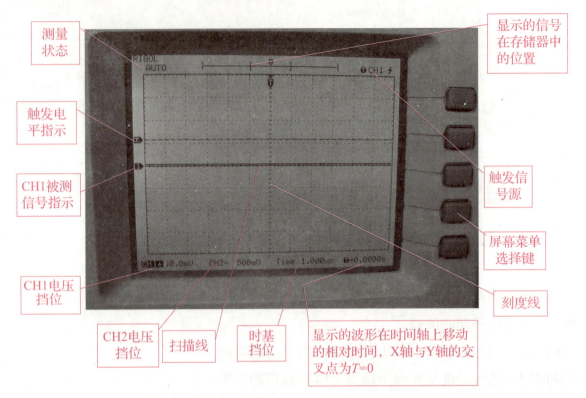

图6-16 数字示波器屏幕参数显示

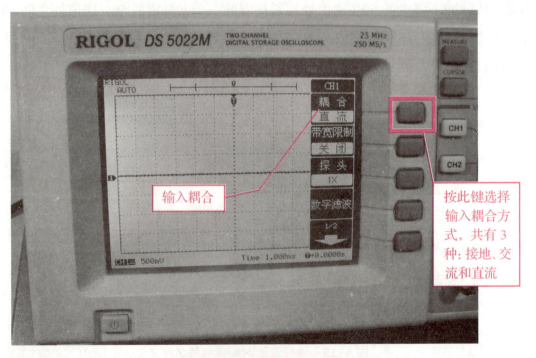

图6-17 输入耦合方式

选择输入耦合方式不同，其输出波形的变化如图6-18所示。

将EE1641B型信号发生器含约50%直流偏置的1kHz，$U_{PP}=3V$的方波信号接入CH1通道后，按以上示范操作，分别选择三种耦合方式，观察实际波形变化，与图6-18对比，并填写在表6-11中。

项目六 数字示波器的使用　　141

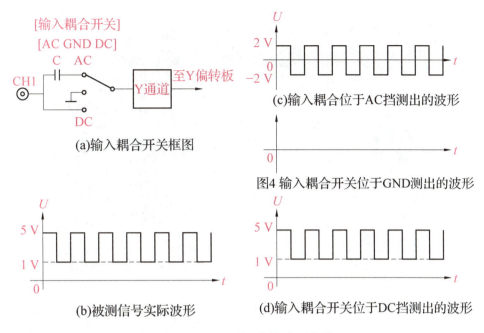

图 6-18　不同耦合的波形变化

表 6-11　耦合方式设置

测量含有直流成分的交流信号采用的耦合方式	
测量直流电源当中的交流干扰采用的耦合方式	
设置 CH1 通道接地耦合的步骤	
CH1 通道接地耦合后波形怎样变化	

（2）Y 轴位移调整

调整。Y 轴位移旋钮，可以调节波形的垂直位置。如图 6-19 Y 轴位移调整。

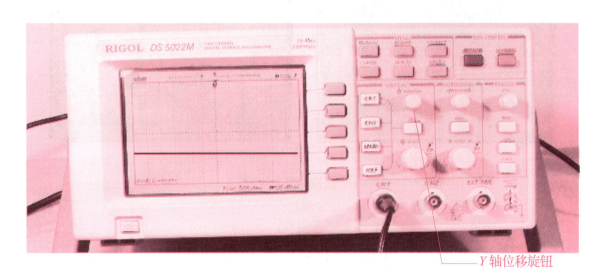

图 6-19　Y 轴位移调整

（3）时间挡位调整

调整时间挡位按钮，可设置 X 轴显示的分辨率，其调整方法如图 6-20 所示。

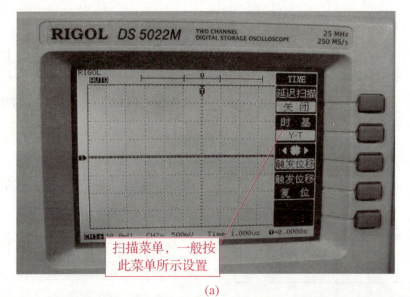

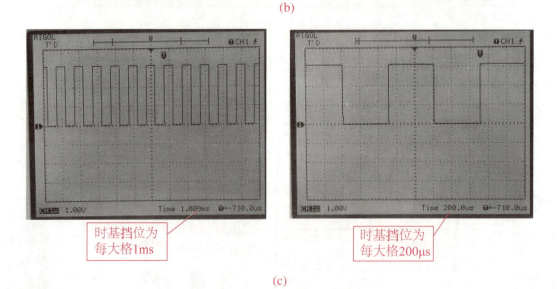

图 6-20 时间挡位的调节

(a) 菜单显示；(b) 调整时间挡位开关；(c) 选择时间挡波形显示的变化

按上述操作方法，将扫描时间从每大格 1ms 调整到扫描时间为每大格 200μs，观察波形变化规律，并说明波形变化与扫描时间参数大小的关系，并完成表 6-12 中的观察任务。

表 6-12　波形变化与扫描时间参数之间的关系

测量 100Hz 的方波信号需要的较合适的时基挡位为（　　）ms/div（答案不唯一）	
测量 1MHz 的方波信号需要的较合适的时基挡位为（　　）μs/div（答案不唯一）	
被测信号频率越高，需要的时基挡位参数越	大（　）　　小（　）

根据图 6-21 所提示，调整时基挡位及 X 轴位移，并将读数填入表 6-13 中。

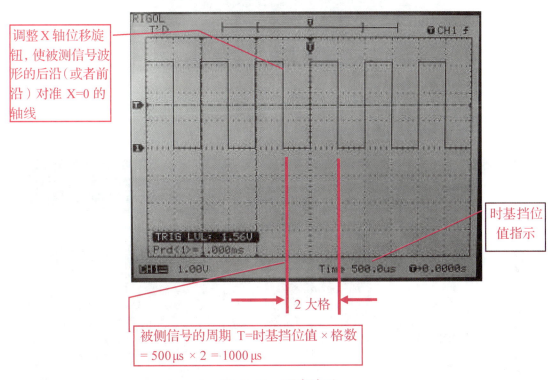

图 6-21　观察波形

表 6-13　时基挡位变化表

实际波形是否与上图 6-21 相同			
测得信号周期（　　）格	时基挡位（　　）μs/格		信号频率值（　　）Hz
以上测得值是否等于信号发生器显示的标称值			

（4）稳定触发调整

首先要了解示波器触发调节的作用，当触发调节不当时，显示的波形将出现不稳定现象。所谓波形不稳定，是指波形左右移动不能停止在屏幕上；或者出现多个波形交织在一起，无法清楚地显示波形，如图 6-22 所示。触发调节是示波器操作的难点和易错点，触发部分调节的关键是正确选择触发源信号。如图 6-23 所示触发源的按钮和选择菜单。

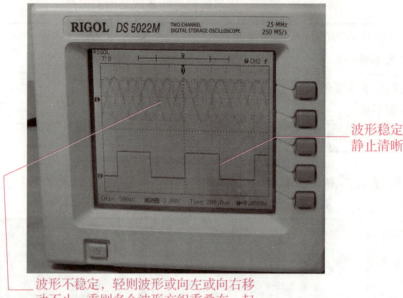

图 6-22 不稳定波形

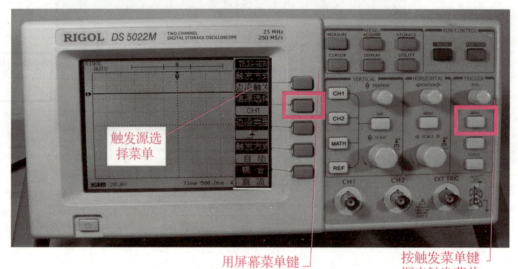

图 6-23 触发源的按钮和选择菜单

(5) 触发源选择原则

单路测试时,触发源必须与被测信号所在通道一致,例如,Y 通道 CH1 测试时触发源必须选 CH1(如图 6-24 所示),否则波形将不稳定。同时要进行触发电平的调节到被测量信号电压范围内,才能稳定波形。触发电平的调节如图 6-25 所示。

两个同频信号双路测试时,应选信号强的一路为触发信号源。两个有整倍数频率关系的信号,应选频率低的一路作为触发信号源。如图 6-26 所示。

请接着按(4)示范操作,熟悉触发源选择菜单的设置方法,并填写在表 6-14 中。

项目六 数字示波器的使用 145

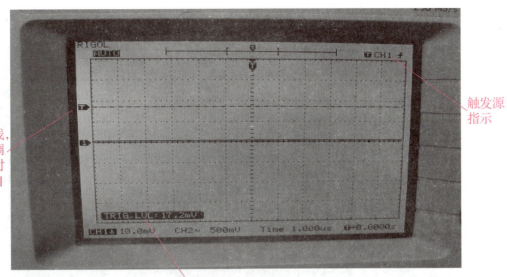

图 6-24 触发源选择

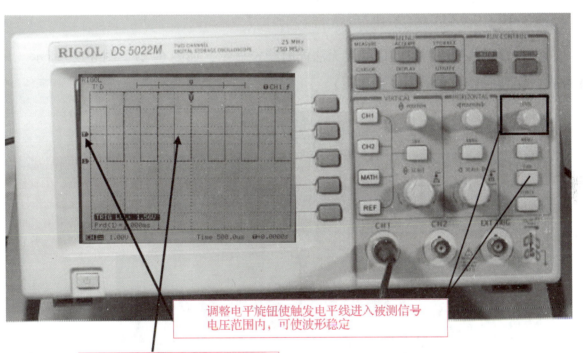

图 6-25 触发电平的调节

表 6-14 触发源选择

设置内容	信号波形
调整触发电平旋钮，触发电平上移至超过信号电压范围	
信号从 CH1 通道进入示波器，触发源选择 CH2	
将触发边沿类型由"上边沿"改为"下边沿"	

当两个被测信号频率相同时（常见于线性电路输入输出信号），触发源应选其中较为稳定

的一路，两路波形通常可以稳定地显示。如图 6-26 所示。

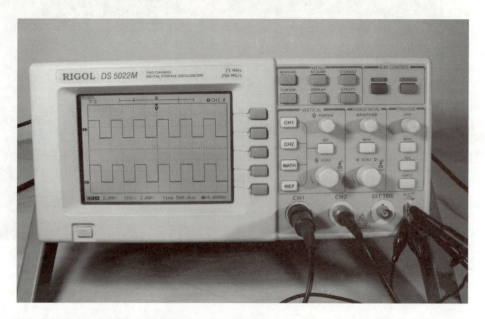

图 6-26　两个同频信号双路测试

两路没有整倍数频率关系的信号，无法同时稳定显示，如图 6-27、图 6-28 所示。只能用存储方式，保存后显示（采用停止功能）。

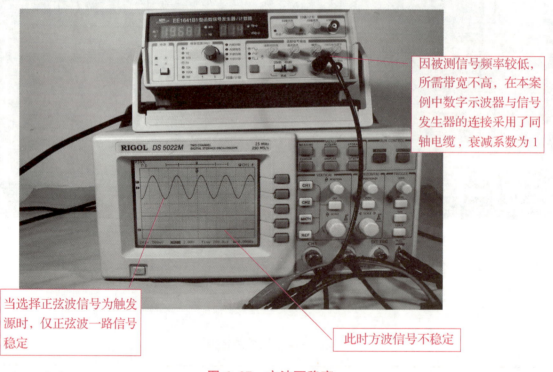

因被测信号频率较低，所需带宽不高，在本案例中数字示波器与信号发生器的连接采用了同轴电缆，衰减系数为 1

当选择正弦波信号为触发源时，仅正弦波一路信号稳定

此时方波信号不稳定

图 6-27　方波不稳定

项目六 数字示波器的使用 147

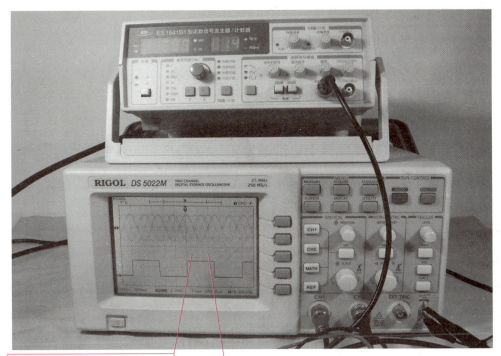

当以 CH2 的方波信号为触发源时，CH1 的正弦波不稳定

当以 CH2 的方波为触发源时，方波稳定

图 6-28 正弦波不稳定

任务实施

1. 课前准备

课前完成线上学习，熟悉 DS5022 型数字示波器参数设置方法及基本使用功能，熟悉 EE1641B 型函数信号发生器的参数设置及信号输出，本任务要求采用手动设置参数的方式显示电信号波形。

2. 任务引导

（1）准备工作

准备仪器：小组讨论，列出数字示波器测量电信号所需要的器材名称、型号、数量、作用填入表 6-15 中。

表 6-15 仪器准备清单

序号	器材名称	型号	数量	作用
1				
2				
3				
4				
5				

(2) 完成练习（简答）题

①数字示波器中触发释抑含义是什么？

②最常见的触发耦方式有哪些？

③正占空比是什么类型的电信号参数？

④电信号波形的有效值在数字示波器中是怎样表示的？

⑤边沿触发是什么？可以从哪两个边沿触发？

⑥数字示波器通过什么来实现波形的存储？

⑦首次使用探头前问什么要进行补偿？

⑧用示波器怎样测量正弦交流电的峰值、有效值和频率？

⑨用示波器怎样测量直流电压？

⑩用示波器观察电信号波形时，在荧光屏上出现一些不正常的图像，原因是什么？

(3) 信号参数的测量

请先按任务1中方法对示波器进行自检。将EE1641B型信号发生器含约50%直流偏置的1kHz，$U_{PP}=3V$ 的方波信号接入CH1通道后，选择交流耦合方式，适当调整电压挡位及Y轴位移，观察波形（参考图6-29），测量信号参数并填入表6-16中，测量结果填入表6-17中。

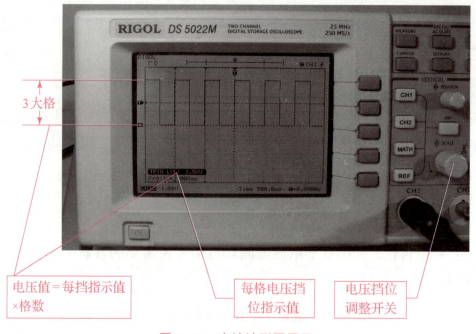

图6-29 方波波形图显示

表 6-16 信号参数测量数据

序号	参数	测量数值	备注
1	最小值		
2	峰峰值		
3	顶端值		
4	底端值		
5	幅值		
6	平均值		
7	均方根值		
8	周期		
9	频率		
10	上升时间		
11	下降时间		
12	正脉宽		
13	负脉宽		
14	正占空比		
15	负占空比		

表 6-17 信号测量结果

实际波形是否与图 6-29 相同	
CH1 挡位（V/div）	
以上测得值是否等于信号发生器显示的标称值	
哪些参数与标称值相差较大	

3. 任务评价

对任务完成情况进行检查与评价，将自我评价、小组评价及教师评价得分分别填入表 6-18 中。

表 6-18 检查与评价

任务序号		项目观测点	配分	评分标准（扣完为止）	操作人员		完成工时			
					自我评价	得分	小组评价	得分	教师评价	得分
1	任务实施	仪器、导线选择	5	选择错误每个扣 2 分						
2		仪器接线	5	接线不规范每处扣 1 分						
3		数字示波器 Y、X 通道的参数设置	5	参数设置不合适每项扣 2 分						
4		仪器基本操作保养规范	10	不规范操作每次扣 5 分						
5		触发参数的设置	10	设置错误每次扣 2 分						
6		数据记录规范	10	每处扣 1 分						
7		完成工时	5	超时 5 分钟扣 1 分						
8		安全文明	5	未安全操作、整理实训台扣 5 分						
9	完成质量	X、Y 通道测量读数	15	读数错误每项扣 2 分						
10		波形不稳定	20	每个扣 2 分						
11	专业知识	完成练习题	10	未完成或答错一道题扣 1 分						
		合计	100							
		加权得分（自我评价×30%+小组评价×30%+教师评价×40%）								
		综合得分								

任务拓展

李沙育图形观测

1. 李沙育图的形成

一般示波器中都设置有 X-Y 模式。在 DS5022M 型数字示波器时基菜单中可选择 X-Y 模式。

当两个相互垂直、频率不同的简谐信号合成时,合振动的轨迹与分振动的频率、初相位有关。当两个分振动的频率成简单整数比时,将合成稳定的封闭轨道,称为李沙育图形,它的形成过程如图 6-30 所示。

由于李沙育图形与分振动的频率比有关,因此通过李沙育图形和已知频率的信号,可以精确地测定未知信号的频率,如图 6-31 所示为不同频率、不同相位差的李沙育图形。

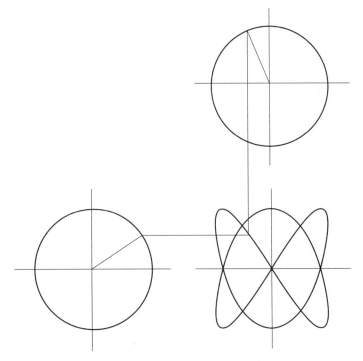

图 6-30 李沙育图形形成过程

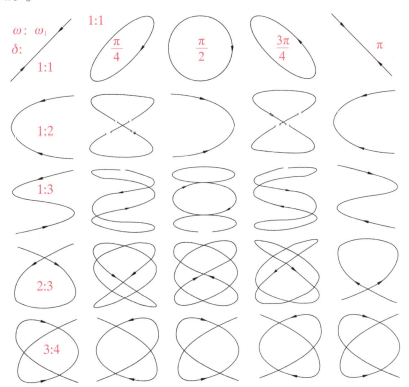

图 6-31 不同频率、不同相位差的李沙育图形

李沙育图形存在关系：$f_y/f_x=n_x/n_y$ 式中 n_x 和 n_y 分别为水平线、垂直线与李沙育图形的交点数；f_y、f_x 分别为示波器 Y 和 X 信号的频率。

2. 观测李沙育图形

如图 6-32 连接线路，用两台函数信号发生器，将一已知信号频率的正弦波信号 f_y（50Hz）送入 CH2 通道，被测正弦波信号 f_x 送入 CH1 通道，当两信号的频率为整数倍时，屏幕出现稳定的李沙育图形。

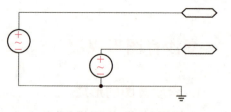

图 6-32 观察李沙育图形连接线路图

调整 f_x、f_y 两输入信号频率比例，观测李沙育图形，并记录在表 6-19 中。

表 6-19 李沙育图形观测

$f_y:f_x$	1∶1	1∶2	1∶3	2∶3	3∶2	2∶1
李沙育图形						
n_x						
n_y						
f_x(Hz)						
f_y(Hz)						

思考与练习 6

1. 数字示波器测试探头衰减挡位与菜单中衰减系数不匹配，会影响测量结果吗？为什么？
2. 自检时当方波波形上出现频率较低的周期性波动，可能是什么原因？应该怎么解决？
3. 触发电平应该在什么范围之内，触发电平锁定的方法是什么？
4. 请尝试延迟扫描的工作方式，讨论该工作方式应该用在什么场合。
5. 尝试 X-Y 工作方式，并将 CH1 通道及 CH2 通道中输入同样的正弦波信号，屏幕上显示什么图形？讨论后请说明原因。
6. 若在示波器上看到的波形幅度太小，应调节哪个旋钮使波形的大小知足？
7. 怎样用示波器定量地测量交流信号的电压有效值和频率？
8. 示波器已正常显示波形，旋转"TIME/DIV"时基挡位旋钮将 0.5ms/div 调整到 0.1ms/div，屏上显示的波形数是增多还是减少？
9. 示波器工作在 X-Y 方式时，扫描频率调节、触发电平旋钮还起作用吗？为什么？
10. 示波器上观察到的波形不断向右移动，说明扫描频率偏低还是偏高？应该怎么调节使用稳定？

项目七

通用计数器的使用

学习目标

了解计数器的分类、组成及技术指标，理解计数器的功能及误差，掌握计数器的测量频率、周期、累加计数的测量方法。会使用计数器对频率、周期、累加计数进行测量，培养学生对电子测量严谨的态度，正确的操作仪器，得出真实的数据，做出自己的判断。

任务1 认识计数器

任务描述

认识计数器的概念、作用、种类、特性，学习计数器的技术指标。

任务分析

学习计数器的分类、组成及技术指标，学习计数器的测量频率、测量周期、测量时间间隔、累加计数等测量原理及误差特性。运用计数器自检功能检查仪器自身的逻辑功能以及电路的工作是否正常。

知识链接

在相等时间间隔重复发生的任何现象，都称为周期现象。频率是描述周期现象的重要物理量。时间为1s的周期现象的频率为1Hz。目前，通常用电子计数器（以下简称：计数器）来测量时间和频率。

1. 计数器的分类

计数器可以按照不同的测量需要来分类。

（1）按照主要测量对象分类

可分为频率计数器和时间计数器。

（2）按照测量频段分类

①低速型计数器最高计数频率不大于 10MHz。

②中速型计数器计数频率为 10~100MHz。

③高速型计数器最高计数频率大于 100MHz。

④微波计数器测频范围为 1~80GHz 或更高。

（3）按照计数器功能分类

①通用计数器它是指具有测量频率和时间两种以上功能的计数器。一般它应有下列几种功能：测频、测时、测周期、测多倍周期、测频率比和累加计数功能。智能计数器、计算计数器是通用计数器派生出来的，是带有微处理器的通用计数器。

②频率计数器是指用来测量频率的计数器。测量范围很宽，在高频和微波范围内的计数器均属于这一类。

③时间间隔计数器主要用来测量信号时间间隔的计数器。一般测量两个脉冲的时间间隔，也可以测量一个脉冲的宽度、占空系数、信号的上升或下降时间等。

④特种计数器是指具有特殊功能的计数器。一般包括可逆计数器、预置计数器、程序计数器和差值计数器等。它们主要应用于工业生产自动化，特别是自动控制和自动测量方面。

2. 计数器的组成

计数器主要由输入电路、计数显示电路、标准时间产生电路和逻辑控制电路组成。如图 7-1 所示。

①输入电路又称为输入通道。其作用是接收被测信号，并对它进行放大和整形，然后送入主门（闸门）。计数器的输入电路通常包括 A、B、C 三个独立的单元电路，A 通道用于传输被计数的信号，B、C 通道用于传输闸门信号。测频时，B、C 通道不用。

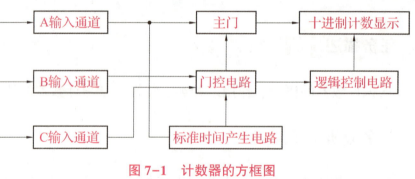

图 7-1 计数器的方框图

②计数显示电路，它是一个十进制计数显示电路，用于脉冲计数，并以十进制方式显示计数结果。

③标准时间产生电路标准时间信号由石英振荡器提供，作为计数器的内部时间基准。标准时间信号经放大、整形和一系列的 10 倍分频器后，产生用于计数的时标信号（10MHz、1MHz、100kHz、10kHz、1kHz 等），以及控制主门的时基信号（1ms、10ms、0.1s、1s、10s 等）。因此，这部分电路应具有准确性和多值性。测频时，时基信号经门控电路形成门控信号。

④逻辑控制电路产生各种控制信号，用于控制计数器各单元电路的工作。一般每进行一次测量的工作程序是：测量准备→计数→显示→复零→准备下一次等阶段。控制电路由若干门电路和触发器组成的时序逻辑电路构成。

3. 计数器的主要特性

（1）测试功能

计数器所具备的测试功能，一般包括测量频率、周期、时间间隔、频率比、累加计数和自检等功能。

（2）测量范围

指仪器的有效测量范围，在测频和测周时测量的范围不同。例如：测量频率时要指明频率的上、下限（如0.1Hz～100MHz）；测周时要指明周期的最大值和最小值（如100ns～10s）；测量频率比和累加计数时指计数器的最大计数容量（如1108-1）等。

（3）输入特性

一般有2～3个输入通道，需分别指出各个通道的特性。其特性包括以下几点。

①输入耦合方式：有AC和DC两种耦合方式，DC耦合即直接耦合，被测信号直接输入，在低频和脉冲信号输入时宜采用这种耦合；AC耦合时，被测信号经隔直电容输入，选择输入端交流成分输入到电子计数器。

②触发电平及其可调范围：指在仪器正常工作时输入的最小电压，用于控制门控电路的工作状态。只有被测信号达到所设置的触发电平时，门控电路的状态才能翻转。要求触发电平连续可调，并具有一定的可调范围。如通用计数器，A输入通道的灵敏度一般为10～100mV。

③最高输入电压：即允许输入的最大电压。超过最高输入电压后仪器不能正常工作，甚至会损坏。

④输入阻抗包括输入电阻和输入电容。A输入通道分为高阻（1MΩ//25pF）和低阻（50Ω）两种。对于低频测量，使用1MΩ输入阻抗较为方便；测量高频信号时为满足阻抗匹配要求，则采用50Ω输入阻抗。

（4）测量的准确度

常用测量误差来表示。主要由时基误差和计数误差决定。时基误差由晶体振荡器的稳定度确定。晶体振荡器的频率稳定度常用日稳定度表示。一般在$\pm 1\times 10^{-5}/d$～$\pm 1\times 10^{-9}/d$。

（5）闸门时间和时标

由机内时标信号源所能提供的标准时间信号决定。根据测频和测周范围的不同，可提供的闸门时间和时标信号有多种。

（6）显示及工作方式

①显示位数：可以显示的数字位数，如常见的8位，显示结果位数与主门时间的选择有关，可以获得较多的测量结果位数，相应的测量精确度也就较高。

②显示时间：两次测量之间显示结果的时间。一般是可调的。

③显示器件：用于显示测量结果或测量状态，小数点自动定位。常用的有数码管显示器和液晶显示器。

④显示方式：有记忆和没有记忆两种显示方式。记忆显示方式只显示最终计数的结果，不显示正在计数的过程。实际显示的数字是刚结束的一次测量结果，显示的数字保留至下一次计数过程结束时再刷新。在没有记忆显示方式时，还可显示正在计数的过程。多数计数器

采用记忆显示方式。

（7）输出

仪器可输出的时标信号种类、输出数码的编码方式及输出电平。

3. 计数器的功能

（1）计数器的测频功能

①方框图。

所谓"频率"就是周期性信号在单位时间（1s）内变化的次数。即频率为

$$f = \frac{N}{T} \tag{7-1}$$

式中，T——单位时间；

N——周期性现象的重复次数。

计数器测量频率时，是把被测频率 f_x 作为计数脉冲，对标准时间 T 进行量化。根据计数器的计数值可得到两者的比值 N_e。其原理框图如图7-2所示。

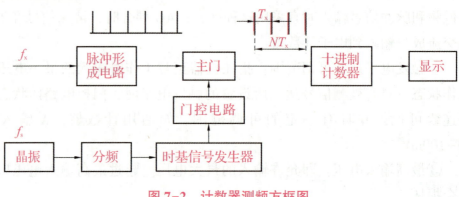

图7-2 计数器测频方框图

被测信号经放大、整形后，形成重复频率等于被测信号频率 f_x 的计数脉冲，把它加至主门的一个输入端。门控电路将时基信号变换为控制主门开启的门控信号。只有在主门开通时间 T 内，被计数的脉冲才能通过主门，并由十进计数器对计数脉冲计数，设计数值为 N，则 $N = T/T_x$。即被测信号的频率为

$$f_x = \frac{N}{T} = \frac{N}{k_f T_s} \tag{7-2}$$

式中，T——门控时间（闸门时间），门控信号由晶振 f_s 分频而来，$T = k_f T_s$；

k_f——分频器的分频系数；

f_s，T_s——晶振的频率和周期。

从以上讨论可知，计数器的测频原理实质上以比较法为基础，它将 f_x 和时基信号频率相比，两个频率相比的结果以数字形式显示出来。

由式（7-2）可知，对同一被测信号，如果选择不同的门控时间，即选择不同的分频系数 k_f，计数值 N 是不同的。为了便于读数，实际仪器中的分频系数 k_f 都采用10进制分频的办法。当分频系数 k_f 减小后所得计数值 N 也减少，显示器上则将小数点所在位置自动移位。例如：$f_x = 1000000$ Hz，门控时间为1s时，可得 $N = 1000000$，若7位显示器的单位采用kHz，则显示1000.000kHz；如果门控时间改为0.1s，则 $N = 100000$，显示1000.00kHz，7位显示器的第1位（最高位）不显示，只显示6位数字，且小数点已右移1位。

②量化误差。

将模拟量转换为数字量(量化)时所产生的误差叫量化误差,也叫±1 误差或±1 个字误差。它是数字化仪器所特有的误差。计数器测频率或时间,实质上是一个量化过程。量化误差是由于门控信号起始时间与被测脉冲列之间相位关系的随机性而引起的。量化的最小单位是数码的一个字,即量化的结果只能取整数,其尾数或者被抹去,或者凑整为 1,因此计数值也必然是整数。如图 7-3 所示。图中,①为被计数的脉冲,②、③为宽度 T 相同的门控信号,由于通过主门的时刻不同,计数值相差一个字。例如,$f_x=10$Hz,$T=1$s 时,±1 误差为 1Hz。即因±1 误差引起的测量误差为±10%。而 $T=10$s 时,±1 误差为 0.1Hz。

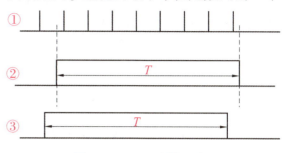

图 7-3　±1 误差的形成

显然,±1 误差的大小与门控时间 T 有关,T 越大,±1 误差越小。实际上,±1 误差往往是测量误差的主要部分。

(2) 计数器的测周功能

当 f_x 较低时,利用计数器直接测频,±1 误差将会大到不可允许的程度。因此,为了提高测量低频时的准确度,可改成先测量周期 T_x,然后计算 $f_x=1/T_x$。由于 f_x 越低,T_x 越大,则计数值 N 也越大,±1 误差的影响就越小。计数器测量周期的原理,如图 7-4 所示。

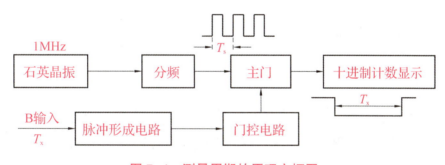

图 7-4　测量周期的原理方框图

被测信号经脉冲形成电路整形,使其转换成相应的矩形波,加到门控电路,控制主门的开闭,主门开启的时间正好等于被测信号的周期。晶振经分频后产生的时标脉冲同时送至主门的另一输入端,在主门开启的时间内对输入的时标脉冲计数,若计数值为 N,则被测信号周期 T_x 为

$$T_x = NT_s \tag{7-3}$$

式中,T_s——时标脉冲的周期,它由晶振分频而得到,这里分频系数为 1。

例如 $T_x=10$ms,则主门打开 10ms,若选择时标为 $T_s=1$ μs,则计数器计得的脉冲数 $N=10000$ 个,若以 ms 为单位,则计数器显示器上可读得 10.000(ms)。

从以上讨论可知,计数器测周的基本原理刚好与测频相反,即主门由被测信号控制开启,而将时标脉冲作为计数的脉冲。实质上也是比较测量方法。

(3) 计数器的其他功能

①频率比测量。通用计数器还可测量两个被测信号频率的比值。如图 7-5 所示。

测量时,两个被比较的信号(设 $f_A>f_B$)分别加至 A、B 输入通道。频率较低的信号 f_B 加至 B 输入通道，经放大、整形后作为门控电路的触发信号，频率较高的 f_A 加至 A 输入通道，经整形后变成重复频率与 f_A 相等的计数脉冲。主门的开启时间为 $T_B = 1/f_B$，在该时间内对频率为 f_A 的信号进行计数，可得

图 7-5 频率比测量原理方框图

$$N = \frac{T_B}{T_A} = \frac{f_A}{f_B} \tag{7-4}$$

为了提高测量准确度，还可将频率较低的 f_B 信号的周期扩大，即将信号经分频器后再加至门控电路。当主门的开启时间增大后，计数值随之增大，但由于可进行小数点自动移位，显示的比值不变。

② 累加计数

累加计数是指在限定的时间内，对输入的计数脉冲进行累加。测量原理和测量频率是相同的，不过这时门控电路改由人工控制。其电路原理框图如图 7-6 所示，待计数脉冲经 A 输入通道进入，这时计数值就是累加数。

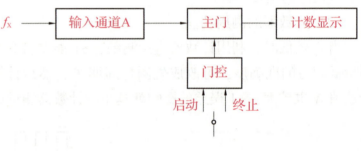

图 7-6 累加计数的方框图

③ 测量时间间隔

前面已经讨论过周期的测量，本质上也是时间间隔的测量，即测量一个周期信号波形上同相位两点之间的时间间隔。我们还可把它扩展到同一信号波形上两个不同点之间的时间间隔的测量。例如，脉冲宽度的测量。时间间隔的测量方框图，如图 7-7 所示。

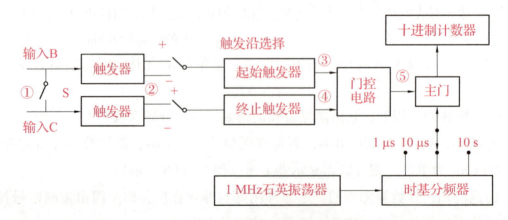

图 7-7 时间间隔的测量方框图

时间间隔的测量有两种工作方式：当跨接于两个输入端的选择开关 S 断开时，B、C 两个通道是完全独立的，来自两个信号源的信号控制计数器工作；当 S 闭合时，两个输入端并联，

仅一个信号加到计数器，但可独立地选择触发电平和触发极性，以完成起始和终止功能。前者可用于测量两个信号的时间差；后者可用于测量一个信号任意两点间的时间间隔。

当开关 S 断开时，两个独立的输入通道（B 和 C）可分别设置触发电平和触发极性（触发沿）。输入通道 B 为起始通道，用来开启主门，而来自输入通道 C 的信号为计数器的终止信号，工作波形如图 7-8 所示。

当需要测量脉冲的宽度时，开关 S 应闭合，而且，B 输入触发沿应置于 "+"，C 输入触发沿应置于 "-"。结合图 7-7，各点波形如图 7-9 所示。可见主门的开启时间为 τ，即脉冲宽度，在 τ 时间内，时标通过主门计数。由于脉冲宽度是以 50% 脉冲幅度来定义的，为了获得高的测量准确度，触发电平必须准确设置在 50% 的脉冲幅度上。利用这种工作方式可以测量一个波形上任意两点间的时间间隔，因此利用计数器还可以进行波形分析。

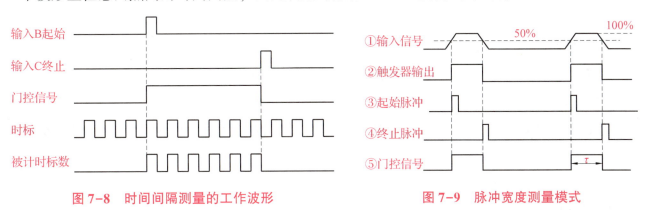

图 7-8　时间间隔测量的工作波形　　　　　图 7-9　脉冲宽度测量模式

任务实施

1. 课前准备
课前完成线上学习，熟悉计数器性能指标、面板装置按钮的功能及作用。

2. 任务引导
（1）准备工作

准备仪器：小组讨论，列出观察计数器使用任务所用器材名称、型号、数量、作用填入表 7-1 中。

表 7-1　测量器材

序号	器材名称	型号	数量	作用
1				
2				
3				
4				

(2) 完成练习题

①通用计数器均能实现的功能有_____。

②用某7位电子计数器进行自校,如选择时标信号周期为0.1μs,闸门时间为1s,读数为_____。

③电子计数器不能测量的参数是_____。

A. 两个信号的频率比　　　　　　　　B. 信号的周期
C. 两个信号之间的时间间隔　　　　　D. 信号的幅度

④电子计数器能测量的是_____。

A. 振幅　　　　B. 上升时间　　　　C. 相位差　　　　D. 时间间隔

⑤计数器的测周原理与测频原理正好相反,即闸门信号是_____。计数信号是_____。

⑥计数器的测频误差是_____。

⑦如把信号接入电子计数器,并把闸门时间选择为5s,此时测得脉冲的个数为1000个,则该信号的频率为_____Hz。

⑧将电子计数器置于测频位可以测电机的转速,若闸门时间置于0.6s,计数显示值为30.03,则该电机的转速为_____。

⑨已知计数器内部的时标信号频率为1MHz,选周期倍乘率为100,计数值结果为16051,则该信号周期值是_____。

⑩电子计数器测量同一个信号频率时,闸门时间增加,_____不变,但_____增加,提高了测量精确度。

(3) 认识NFC-1000型多功能计数器

NFC-1000型多功能电子计数器(如图7-10所示)是一台测频范围为1Hz~1000MHz的多功能计数器。采用大规模集成电路的通用电子计数器,能够在适当的逻辑控制下,使本仪器在预定的标准时间内累计待测输入信号,或在待测时间内累计标准时间信号的个数,从而进行频率和时间等的测量。

图7-10　NFC-1000型多功能电子计数器

1) 主要特点

①采用八位高亮度绿色LED数码管显示,低功耗线路设计。

②测量采用单片机进行智能化控制和数据测量处理。

③全频段等精度测量。等位数显示(本机为10MHz等精度计数器)。

④高稳定性的晶体振荡器保证测量精度和全输入信号的测量。

⑤有四个主要功能：A 通道测频、B 通道测频、A 通道测周期及 A 通道计数。

⑥体积小、重量轻、灵敏度高。

可广泛用于实验、科研、生产调试线以及无线电通讯设备维修之用。高灵敏度的测量设计可满足通信领域超高频信号的正确测量，并取得最好的效果。A 路输入通道具有输入信号衰减、低通滤波器选择功能。

2）技术指标

NFC-1000 型多功能电子计数器技术参数指标参见表 7-2。

表 7-2　NFC-1000 型多功能电子计数器技术指标

序号	名称	参数
1	功能	测频、测周、计数、自校
2	频率测量范围	1Hz～100MHz（A 通道）　100MHz～1.5GHz（B 通道）
3	周期测量范围	10ns～1s
4	计数容量	10^8-1
5	灵敏度	1～10Hz　40MVrms 10Hz～10MHz/100MHz　20MVrms 100MHz～3GHz　30MVrms
6	输入衰减	×1 或×20
7	阻抗	A 通道：1MΩ//40pF　B 通道：50Ω
8	最大输入幅度	A 通道：交流加直流≤250V_{PP} B 通道：≤3V_{PP}
9	波形适应性	正弦波、脉冲波、三角波
10	耦合方式	AC 耦合
11	分辨率	闸门时间 10ms 显示 6 位　闸门时间 100ms 显示 7 位 闸门时间 1s　显示 8 位　闸门时间 10s 显示 8 位
12	测量误差	±时基准确度±触发误差×被测频率（或周期）±LSD
13	时基	标称频率：10MHz 频率稳定度：$5×10^{-6}$/D

3）计数器的使用

①当计数器通电后，应预热一定时间。对通用电子计数器的预热，使用时，如测量准确度需要，应按仪器要求的预热时间实施。

②被测信号的大小，应不超过输入电压的规定范围，否则容易损坏仪器或导致测量误差过大。

③在进行各种测量前，仪器应先进行自检。

④在进行测量时，应使计数器的显示值尽量大且不溢出。测频时，可选用大的时基闸门，或较高频率的被测频率；测周时，可选用较短的时标或适当的"周期倍乘"。

⑤测量时，应注意触发电平的调节，在测量时间间隔时尤其重要，否则会带来很大的误差。

⑥使用时需注意使用环境不受强磁场、电场及强烈振动的干扰，提高信噪比，正确选择输入耦合方式，以提高测量的准确度。

⑦自检。

大多数电子计数器都具有自检（即自校）功能，它可以检查仪器自身的逻辑功能以及电路的工作是否正常。其自检过程与测量频率的原理相似，不过自检时的计数脉冲不再是被测信号而是晶振信号经倍频后产生的时标信号。此时计数结果为 $N=mK_f\pm1$，则说明电子计数器及其电路等工作正常，出现±1是因为计数器中存在量化误差。自检操作步骤如下。

a. 把后面板10MHz频标输出信号接至输入插座，如图7-11所示。

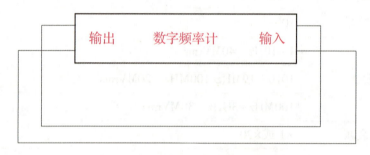

图7-11 数字频率计自检接线图

b. 按下功能开关自检键。

c. 闸门时间选择为1s。

d. 闸门时间再选择为0.01s、0.1s、10s，比较闸门时间选择为1s时的显示值，把自检数据记录在表7-3中，并做出判断。

表7-3 多功能计数器自检记录

闸门时间	0.01s	0.1s	1s	10s
标准值	10000.0	10000.00	10000.000	溢出指标灯亮（0000.0000）
显示值				
是否正常				

3. 任务评价

对任务完成情况进行检查与评价，将自我评价、小组评价及教师评价得分分别填入表7-4中。

表 7-4 检查与评价

任务序号		项目观测点	配分	评分标准（扣完为止）	操作人员						完成工时
					自我评价	得分	小组评价	得分	教师评价	得分	
1	任务实施	仪器、导线选择	5	选择错每个扣 2 分							
2		系统电路	10	接线不规范每处扣 1 分							
3		仪器使用	10	没完成自检每项扣 2 分							
4		仪器操作规范	10	不规范操作每次扣 5 分							
5		仪器读数	10	读数错误每次扣 2 分							
6		数据记录规范	10	每处扣 1 分							
7		完成工时	5	超时 5 分钟扣 1 分							
8		安全文明	5	未安全操作、整理实训台扣 5 分							
9		完成自检	15	操作错误 1 处扣 2 分							
10	专业知识	完成练习题	20	未完成或答错一道题扣 1 分							
		合计	100								
		加权得分（自我评价×30%+小组评价×30%+教师评价×40%）									
		综合得分									

任务 2 使用计数器测量频率、周期、时间、累加计数

任务描述

学会计数器电路使用特性，使用计数器进行自检。利用计数器完成频率、周期、累加计数等测量任务。

任务分析

运用计数器测量功能和测量原理,完成测量信号的频率、周期、累加计数等任务。

知识链接

NFC-1000 型多功能电子计数器是一种采用大规模集成电路的通用电子计数器,能够在适当的逻辑控制下,使本仪器在预定的标准时间内累计待测输入信号,或在待测时间内累计标准时间信号的个数,从而进行频率和时间等的测量。

1. NFC-1000 型多功能电子计数器面板结构

NFC-1000 型多功能电子计数器面板结构如图 7-12、图 7-13 所示,面板按键、旋钮功能及使用见表 7-5。

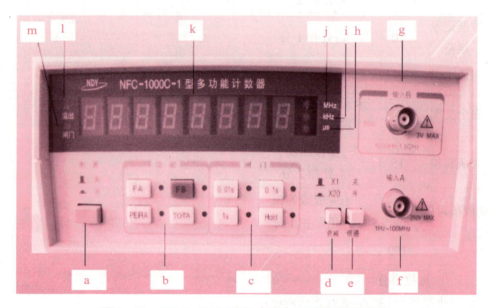

图 7-12 NFC-1000 型多功能电子计数器正面板

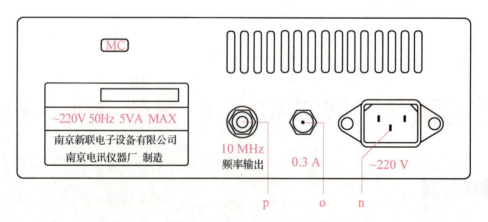

图 7-13 NFC-1000 型多功能电子计数器背面板

表 7-5　NFC-1000 型多功能电子计数器面板功能及使用方法

序号	名称	功能及使用
		正面板
a	电源开关	按下按钮电源打开，仪器进入工作状态，再按一下则关闭整机电源
b	功能选择	功能选择模块，可选择"FA""FB""PERA""TOTA"测量方式，按一下所选功能键，仪器发出声响，认可操作有效，并点亮相应的指示灯，以指示所选择的测量功能。 所选键按动一次，机内原有测量无效，机器自动复原，并根据所选功能进行新的控制。"TOTA"键按动一次为计数开始，闸门指示灯点亮，此时 A 输入通道所输入的信号个数将被累计并显示。当"TOTA"键再按动一次则计数停止。停止前的累计结果将保留并显示至下次测量开始。仪器将自动消零
c	闸门时间	闸门时间选择模块可供四种闸门时间预选［0.01s、0.1s、1s 或 Hold（保持）］。 闸门时间的选择不同将得到不同的分辨率。 "Hold"键的操作：按动一下保持指示灯亮，仪器进入休眠状态，显示窗口保持当前显示的结果，功能选择键、闸门选择键均操作无效（仪器不给予响应）。"保持"键重新按动一次，保持指示灯灭。仪器进入正常工作状态。（注："TOTA"功能操作时，仪器置保持状态，此时虽显示状态不变，但机内计数器仍然在进行正常累计。当"Hold"释放后，机器将立即把累计的实际值显示出来）
d	衰减	A 通道输入信号衰减开关，当按下时输入灵敏度被降低 20 倍
e	低通滤波器	此键按下，输入信号经低通滤波器后进入测量（被侧信号频率大于 100kHz，将被衰减）。此键使用可提高低频信号测量准确性和稳定性，提高抗干扰性能
f	A 通道输入端	标准 BNC 插座。被测信号频率为 1Hz～100MHz 接入此通道进行测量。当输入信号幅度大于 300mV 时，按下衰减开关，降低输入信号幅度能提高测量值的精确度。 当信号频率<100MHz，应按下低通滤波器进行不测量，可防止叠加在输入信号上的高频信号干扰低频主信号的测量，以提高测量值的精确度
g	B 通道输入端	标准 BNC 插座，被测信号频率大于 100MHz，接入此通道进行测量
h	"μs"显示灯	周期测量时自动点亮
i	"kHz"显示灯	频率测量时被测频率小于 1MHz 时自动点亮
j	"MHz"显示灯	频率测量时被测频率大于或等于 1MHz 时自动点亮
k	数据显示窗口	测量结果通过此窗口显示
l	溢出指示	显示超出八位时灯亮
m	闸门指示	指示仪器的工作状态，灯亮表示仪器正在测量，灯灭表示测量结束，等待下次测量。（注：灯亮时显示窗门显示的数据为前次测量的结果；灯灭后，新的测量数据处理后将被立即送往显示窗口进行显示）

续表

序号	名称	功能及使用
背面板		
n	交流电源的输入插座	交流 220V±10%
o	交流电的限流保险丝座	座内保险丝规格为 0.3A/220V
p	10MHz 频率输出	内部基准振荡器的输出插座，该插座输出一个 10MHz 脉冲信号，这个信号可用作其他频率计数的标准信号

使用注意事项：

①按照要求接入正确的电源。

②在使用电子计数器进行测量之前，应对仪器进行"自检"，以初步判断仪器工作是否正常。

③被测信号的大小必须在电子计数器允许的范围内，否则，输入信号太小则测不出，输入信号太大有可能损坏仪器。

④当"溢出（OVFL）"指示灯亮时，表明测量结果显示有溢出，有可能漏记数字。

⑤在允许的情况下，尽可能使显示结果精确些，即所选闸门时间应长一些。

⑥在测量频率时，如果选用闸门时间为 10s 时，"采样（GATE）"指示灯熄灭前显示的数值是前次的测量结果，并非本次测量结果，记录数据时务必等采样指示灯变暗后进行。

任务实施

1. 课前准备

课前完成线上学习，熟悉计数器性能指标、面板装置按钮的功能及作用。

2. 任务引导

（1）准备工作

①准备仪器：小组讨论，列出观察计数器使用任务所用器材名称、型号、数量、作用填入表 7-6 中。

表 7-6 测量器材

序号	器材名称	型号	数量	作用
1				
2				
3				
4				

②使用前请先仔细阅读使用说明书。

（2）完成练习题

①用计数器测量频率，被测信号的输入端是_____。

②用计数器测量周期，被测信号的输入端是_____。

③计数器自检功能正常的条件是_____。

④计时器测量频率比，频率高的信号应送入_____通道。

⑤计数器的功能有_____。

（3）计数器自检。

养成良好的测量习惯，每次测试前先对仪器进行自校检查，当显示正常时再进行测量。将数字频率计时标信号输出与测频输入对接，测量其时标信号频率值。把数据填入表7-7中。

表7-7 自检数据表

闸门时间（s）	1	0.1	0.01
显示值（位数）			
数据分析			

（4）使用计数器测量频率

①用数字频率计测量信号的频率时，按图7-14所示连接仪器。

②按下数字频率计功能开关测频键。

③函数信号发生器输出方波，输出幅度为1V，改变函数发生器输出频率。

④选择不同闸门时间，记下频率计的显示值，填入表7-8中。

表7-8 频率测量

读测值＼输入频率	1kHz	10kHz	100kHz
闸门时间1s			
量化误差/%			
闸门时间0.1s			
量化误差/%			
闸门时间0.01s			
量化误差/%			

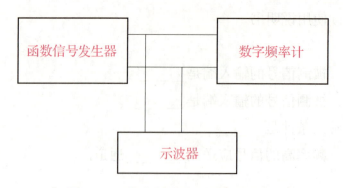

图 7-14　数字频率计测量频率周期接线图

（5）使用计数器测量周期

①用数字频率计测量信号的周期时，直接将函数信号发生器 TTL 输出信号接到计数器输入端，测量系统搭建如图 7-14 所示。

②按下数字频率计功能开关测周键。

③保持闸门时间为 1s，选择不同的频率点，记下频率计的显示值，填入表 7-9 中。

表 7-9　周期测量

输入频率/Hz	500	1000	2000
显示值/μs			
计算值/Hz			
误差/%			

（6）累加计数

①用函数信号发生器输出一定频率的信号，用数字频率计对一段时间内该信号的周期数做累加计数，测量过程中用示波器进行监控，按图 7-14 所示连接仪器。

②分别调整信号发生器使之输出 10Hz 的方波，用秒表或其他计时器计时 30s，将测得的累加计数结果填入表 7-10 中，可多次测量。

表 7-10　累加计数测量

计时时间				
10Hz 方波	第 1 次	第 2 次	第 3 次	平均值
测量结果				

3. 任务评价

对任务完成情况进行检查与评价，将自我评价、小组评价及教师评价得分分别填入表 7-11 中。

表 7-11 检查与评价

任务序号		项目观测点	配分	操作人员					完成工时	
				评分标准（扣完为止）	自我评价	得分	小组评价	得分	教师评价	得分
1	任务实施	仪器、导线选择	5	选择错每个扣 2 分						
2		仪器接线	5	接线不规范每处扣 1 分						
3		计数器自检	5	没完成自检每项扣 2 分						
4		仪器操作规范	10	不规范操作每次扣 5 分						
5		仪器读数	10	读数错误每次扣 2 分						
6		数据记录规范	10	每处扣 1 分						
7		完成工时	5	超时 5 分钟扣 1 分						
8		安全文明	5	未安全操作、整理实训台扣 5 分						
9	完成质量	频率测量	10	错误操作 1 处扣 2 分						
		周期测量	10	错误操作 1 处扣 2 分						
10		累加读数	15	错误操作 1 处扣 2 分						
11	专业知识	完成练习题	10	未完成或答错一道题扣 1 分						
合计			100							
加权得分（自我评价×30%+小组评价×30%+教师评价×40%）										
综合得分										

任务拓展

频率比测量

①用两台函数信号发生器输出特定频率的信号，分别送入频率计 A、B 输入端，用数字频率计测量两个信号的频率比，按图 7-15 所示连接仪器。

图 7-15 计数器测量频率比

②调节一台函数信号发生器的输出为1MHz，送入频率计的B输入端；调节另一台函数信号发生器的输出分别为1MHz、2MHz、3MHz，由A端输入，将数字频率计置测量频率比的挡位，测量两信号频率比值，将测量数据填入表7-12中。

表7-12　频率比测量

f_B/MHz	f_A/MHz	显示数据 f_A/f_B
1	1	
1	2	
1	3	

思考与练习7

1. 电子计数器测量周期的误差来源主要是_____误差，又称_____误差和_____误差。

2. 通用计数器在测量频率时，当闸门时间选定后，被测信号频率越低，则_____误差越大。

3. 如把信号接入电子计数器，并把闸门时间选择为5s，此时测得脉冲的个数为1000个，则该信号的频率为_____Hz。

4. 通用计数器测量周期时，被测信号周期越大，_____误差对测周精确度的影响越小。

5. 在测量周期时，为减少被测信号受到干扰造成的转换误差，电子计数器应采用_____测量法。

6. 计数器有哪些组成部分，各有什么作用？

7. 用7位电子计数器测量 f_x = 5MHz 的信号频率。当闸门时间置于1s、0.1s、0.01s时，试分别计算由于 $\Delta N = \pm 1$ 误差而引起的测频误差？

8. 计数器的测量误差有哪些，提高计数器的测量准确度，计数器使用中应注意哪些问题？

9. 欲测量一个标称频率 f_0 = 1MHz 的石英振荡器，要求测量准确度优于 $\pm 1 \times 10^{-6}$，在下列几种方案中哪一种是正确的，为什么？

（1）选用E312型通用计数器（$\Delta f_s/f_s \leq \pm 1 \times 10^{-6}$），"闸门时间"置于1s。

（2）选用E323型通用计数器（$\Delta f_s/f_s \leq \pm 1 \times 10^{-7}$），"闸门时间"置于1s。

（3）计数器型号同上，"闸门时间"置于10s。

10. 说明在测量频率时，如何选择闸门时间？测量周期时，如何选择时标？

项目八
扫频仪的使用

学习目标

了解扫频仪的基本功能与种类,知道其技术性能指标,熟悉面板结构及旋钮功能含义与作用,会对扫频仪进行自检,会使用扫频仪测量线性电路特性参数。进一步理解电路的频率特性、带宽、增益等参数的含义及之间的关系。从实践中去理解理论知识,在实践中提高动手能力。培养认真细心、协同合作精神,为以后工作打下基础。

任务1 认识扫频仪

任务描述

学习频域测量的内容,频率特性测量原理及方法,在测量任务中了解频率特性测试仪器的基本功能、特性及技术指标,完成 BT-3D 扫频仪自检任务。

任务分析

熟悉 BT-3D 扫频仪面板结构布局,知道各旋钮的名称、功能作用及使用方法,学习扫频仪的主要技术指标及其含义,按要求进行扫频仪自检,注意方法与步骤,并判断仪器是否正常。

知识链接

1. 频域测量

在电子测量中,经常遇到对网络的阻抗特性和传输特性进行测量的问题,其中传输特性包括增益和衰减特性、幅频特性、相频特性等。用来测量前述特性的仪器我们称为频率特性测试仪,简称扫频仪。它为被测网络的调整,校准及故障的排除提供了极大的方便。

频域测量的主要内容包括以下两项。

①线性系统的频率特性测量，分为幅频特性测量和相频特性测量。其中幅频特性测量的主要仪器是频率特性测试仪即扫频仪。

②信号的频谱分析。对信号本身的分析和线性系统非线性失真的测量等，主要仪器是频谱分析仪。

2. 频率特性测量原理

（1）点频测量法

点频测量法亦称为逐点测量法，就是通过逐点测量一系列规定频率点上的网络增益（或衰减）来确定幅频特性曲线的方法。其测量原理如图8-1所示。

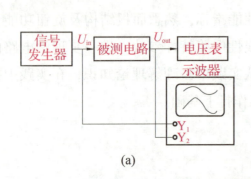
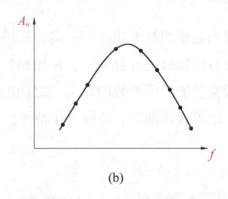

图8-1 点频测量法测量幅频特性框图及曲线

测量时，从被测电路的低频率端开始逐点调高信号发生器频率，记录相应的输入电压和输出电压。然后以频率 f 为横坐标，以电压幅度（电压增益）为纵坐标，就可以在直角坐标系中描绘出所测电路的幅频特性曲线。

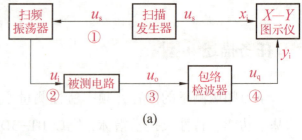

（2）扫频法

以扫频信号发生器作为信号源，使信号频率在一定范围内按一定规律作周期性的连续变化，从而代替信号频率的手工调节，并且用示波器来代替电子电压表，直接描绘出被测电路的幅频特性曲线。其测量原理如图8-2所示。扫频仪就是利用光点扫描图示原理而工作的一种频率特性测试仪器。简单地说，即扫频信号源与示波器的结合。

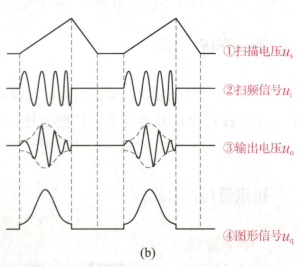

图8-2 扫频法测量幅频特性框图及曲线

3. 频率特性测量中常用的基本概念

①频率特性：指电信号的电参数随频率变化的规律。

②扫频宽度：扫频所覆盖的频率范围内最高频率与最低频率之差。

③中心频率：位于显示频谱宽度中心的频率。

④频偏：调频波中的瞬时频率与中心频率之差。

⑤调制非线性：指在屏幕显示平面内产生的频率线性误差，表现为扫描信号的频率分布不均匀。

4. 扫频仪

扫频仪是线性系统的频率特性测试仪器，属于频域测试类仪器。扫频仪就是利用光点扫描图示原理而工作的一种频率特性测试仪器，简单地说，即扫频信号源与示波器的结合。在正弦信号的激励下，若输出响应是具有与输入相同频率的正弦波，只是幅值和相位可能有所差别，这样的系统称为线性系统（或称线性网络）。

常见的各种放大电路和四端网络都可看作线性网络，例如接收机中的高频放大器和中频放大器，宽带放大器，以及滤波器、衰减器等。一个放大电路（或四端网络）对正弦输入的稳态响应称为频率响应，也称频率特性。频率特性包括幅频特性和相频特性。放大器的放大倍数（增益）随频率的变化规律，称为幅频特性；放大器的相移随频率的变化规律，称为相频特性。研究电路的频率响应，需要进行幅频特性和相频特性测量。其测试电路幅频特性连接方法如图 8-3 所示。

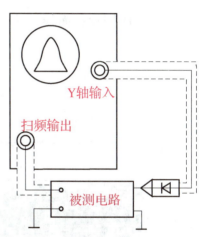

图 8-3 幅频测试电路框图

5. BT-3D 型扫频仪的技术指标

模拟扫频仪型号种类很多，但结构大体相同，下面以 BT-3D 为例加以介绍。

BT-3D 频率特性测试仪为卧式通用大屏幕宽带扫频仪，它由扫频信号源和显示系统组合而成，广泛应用于 1Hz～300MHz 范围内各种无线电网络，接收和发射设备的扫频动态测试。例如，各种有源无源四端网络、滤波器、鉴频器及放大器等传输特性和反射特性的测量，特别适用于各类发射和差转台、公用天线（MATV）系统、有线电视广播以及电缆的系统的测试。该仪器功能齐全，既可在 1Hz～300MHz 范围内全频段一次扫频，满足宽带测试需要，也可窄带扫频和给出稳定的单频信号输出。输出动态范围大，谐波值小，输出衰减器采用电控衰减，可在 50mV～0.5V 范围内任取电压，适用于各种工作场合。

①有效频率范围：1Hz～300MHz。

②扫频方式：全扫，窄扫，点频（CW）。

③中心频率：全扫时，中心频率 150MHz；窄扫时，中心频率在 1Hz～300MHz 范围内连续可调；点频时，1Hz～300MHz 范围内连续可调，输出正弦波。

④扫频宽度：全扫，1Hz～300MHz；窄扫，1Hz～40MHz 连续可调；点频，1Hz～300MHz 连续可调。

⑤输出阻抗：75Ω。

⑥稳幅输出平坦度：1Hz～300MHz 范围内，0dB 衰减时优于±0.25dB。

⑦扫频线性：相邻 10MHz 线性比优于 1。

⑧输出衰减：粗衰减 10dB×7 步进，电控，数字显示；细衰减 1dB×9 步进，电控，数字显示。

⑨标记种类、幅度。a. 菱形标记：给出 50MHz、10MHz/1MHz 复合及外接三种菱形标记。b. 外频率标记：仪器外频标记输入端输入约 6dBm 的 10Hz～300MHz 正弦波信号。

⑩工作电压：AC220±10%，50Hz±5%。

⑪仪器功耗：约 45W。

6. BT-3D 扫频仪面板及功能

BT-3D 扫频仪面板结构，如图 8-4 所示。

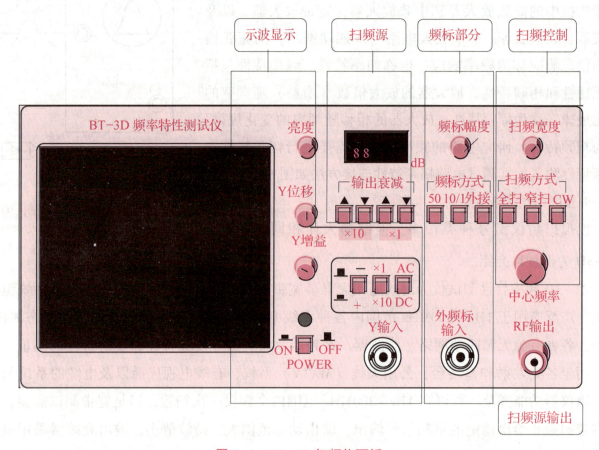

图 8-4　BT-3D 扫频仪面板

①示波显示部分。

电源开关：ON、OFF，打开与关闭电源。

辉度旋钮：调节显示的亮暗。

Y 位移旋钮：调节荧光屏上光点或图形在垂直方向上的位置。

Y 增益旋钮：调节显示在荧光屏上图形垂直方向幅度的大小。

Y 衰减按键（"×1""×10"）：输入信号衰减有 1、10 两个衰减挡级。根据输入电压的大小选择适当的衰减挡级进行信号的输入。

影像极性开关（"+""-"极性）：用来改变屏幕上所显示的曲线波形正负极性。当开关在"+"位置时，波形曲线向上方向变化（正极性波形）；当开关在"-"位置时，波形曲线向下方向变化（负极性波形）。当曲线波形需要正负方向同时显示时，只能将开关在"+"和"-"位置往复变动，才能观察曲线波形的全貌。

Y输入耦合按键AC/DC：交流、直流输入耦合选择，检波后的信号以交流或直流方式耦合输入。

Y轴输入插座：由被测电路的输出端用电缆探头引接此插座，使输入信号经垂直放大器，便可显示出该信号的曲线波形。

同示波器相比，扫频仪显示控制要简单些，当然，不同型号仪器取舍不同，比如，大多数还会有辉度、聚焦、X增益等控制。本仪器在后面板上包含X增益调节。

②扫频源及扫频控制。

扫频方式：选择全扫、窄扫、点频功能。

全扫：即扫频信号频率一次扫描从1MHz至300MHz（满足宽带测量需要）。

窄扫：即一次扫描是1~300MHz中的某一段，扫频的范围受扫频宽度电位器的控制。

点频（CW）：即输出单一频率的正弦信号，幅度、频率可调。

中心频率旋钮：全扫方式时，中心频率即为150MHz，该旋钮无效；窄扫方式时，调节该旋钮，即中心频率在1~300MHz内变化；点频时，中心频率即输出信号的频率。

扫频宽度调节旋钮（也称为频偏旋钮）：窄扫时调整扫频宽度。测试时调节"扫频宽度"旋钮，可以得到被测电路的通频带宽度所需的频率范围。结合"中心频率旋钮"，可以得到测试所需的扫频范围。

输出衰减（dB）开关：用来改变扫频信号的输出幅度大小，用数字显示。

按开关的衰减量来划分，可分粗调、细调两种。

粗调：0dB、10dB、20dB、30dB、40dB、50dB、60dB、70dB。

细调：0dB、1dB、2dB、3dB、4dB、6dB、8dB、10dB。

粗调和细调衰减的总衰减量为70dB。

扫频信号（RF）输出插座：扫频信号由此插座输出，可用75Ω匹配电缆探头或开路电缆来连接，引送到被测电路的输入端，以便进行测试。

③频标部分。

频标选择开关：有50MHz、10MHz/1MHz复合和外接三挡。当开关置于50MHz挡时，扫描线上显示50MHz的菱形频标；置于10MHz/1MHz挡，为复合挡，即按下该键，屏幕上同时显示出1MHz（幅度小）和10MHz（幅度大）两种频标。置于外接时，扫描线上显示外接信号频率的频标。

频标幅度旋钮：调节频标幅度大小。一般幅度不宜太大，以观察清楚为准。

外频标输入接线柱：当频标选择开关置于外频标挡时，外来的标准信号发生器的信号由此接线柱引入，这时在扫描线上显示外接信号频率的频标。

任务实施

1. 课前准备

课前完成线上学习，熟悉 BT-3D 性能指标、面板装置按钮的功能及作用。

2. 任务引导

（1）准备工作

①准备仪器：小组讨论，列出 BT-3D 自检所需要的器材名称、型号、数量、作用填入表 8-1 中。

表 8-1 测量器材

序号	器材名称	型号	数量	作用
1				
2				
3				
4				

②使用前请先仔细阅读使用说明书。

③将仪器电源线接入 220V/50Hz 电源，将 BT-3D 开机预热片刻，将配套测试线接到扫频信号输出口及检波输入口，注意接线顺序，先接地线，后接信号线。注意 Y 输入 BNC 插座上接上测试探头的插头时，对准卡口插进去之后顺时针拧一下，卡牢即可，不可用力过大。扫频源输出口是螺纹安装方式，不可用力拽拉测试线及探头，也不可用力敲打探头，以免损坏探头内部检波电路。

请按图 8-3 所示连接扫频仪与专用测试探头，并填写表 8-2 中。

表 8-2 测量前的检查表

检查项目	检查情况
扫频仪是否正常开机	
扫频仪屏幕是否正常显示	
扫频仪运行时是否有异常声音	
参照说明书检查扫频仪所用测试线规格是否连接正确	
检查测试线探头及地线是否完好	

（2）完成练习题

①扫频仪测量对象是_____。

②电路频率特性的测量方法通常有_____测量法和_____测量法。

③扫频仪的X轴与示波器的X轴在功能上有什么不同？

④扫频信号的重要用途就是_____在内对元件或系统的_____进行动态测量，以获取元器件或系统动态频率特性曲线。

⑤扫频仪把扫描和扫频相结合，能显示_____与_____关系曲线。

⑥扫频所覆盖的频率范围内的最高频率与最低频率之差成为_____。

⑦频率特性测试仪（扫频仪）由_____及_____组成。

⑧扫频信号的频率随_____变化。

⑨什么是扫频宽度？如何调节扫频宽度？

⑩对扫频信号有什么基本要求？

（3）BT-3D扫频仪的自检

①仪器使用之前检查电源电压，观察显示屏上扫描线与频标，如图8-5所示。（图为"全扫"方式，50MHz频标，仪器扫频范围300MHz。）

②调节辉度、聚焦旋钮，以得到足够的亮度和细的扫描线，并选择合适的输入极性"+" "-"和AC、DC耦合方式（跟示波器调节相似）。

③零频标观察与频标调节。如图8-6所示，将扫频仪的输出探头与输入探头短接，即自环连接。

扫描方式置为"全扫"（或"窄扫"），将输出衰减开关置于0dB，调节Y增益、Y位移至合适大小；选用"全扫"方式，50MHz频标时，荧光屏上将出现图8-7（a）所示的两条光迹；"窄扫"方式时，选用

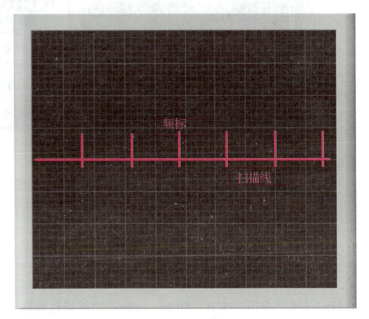

图8-5 扫频仪的扫描线

10MHz/1MHz频标，顺时针旋转"中心频率"旋钮，光迹将向右移动，直至荧光屏上显示如图8-7（b）所示图形，光迹上出现的那个凹陷点，就是扫频信号的零频标点。

选择频标10MHz/1MHz或50MHz，此时扫描基线上呈现各种频标信号，调节"频标幅度"旋钮可以均匀地改变频标幅度。在上述调节过程中，学会频标的读法。

根据以上操作步骤，将自检情况填入表8-3中。

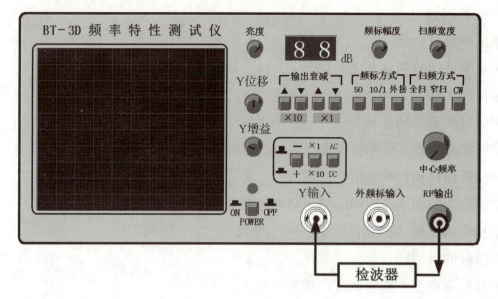

图 8-6 扫频仪自环连接

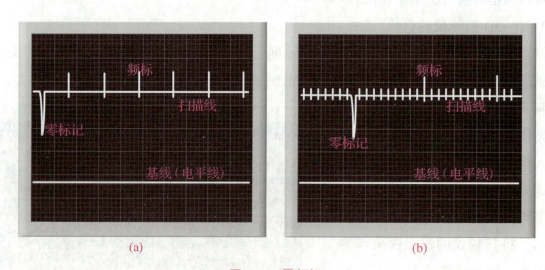

(a)   (b)

图 8-7 零频标

(a)"全扫"方式,50MHz 标记;(b)"窄扫"方式,10MHz/1MHz 标记

表 8-3 扫频仪自检情况 1

自检项目	情况说明
自检时选用"全扫"方式,50MHz 频标时幅频特性曲线是否与图 8-7(a)相同	
自检时选用"窄扫"方式,选用 10MHz/1MHz 频标时,通过调整(　　)旋钮,幅频特性曲线是否与图 8-7(b)相同	
如图 8-7(b)所示图形,光迹上出现的那个凹陷点是(　　)	
屏幕上增益为零的地方(　　)	

④检查扫频范围。"频标方式"置于"50MHz","频标幅度"调至适当位置,"扫频方

式"置"窄扫",旋转"中心频率"旋钮,则对应于荧光屏的中心位置,扫频信号中心频率应能在 1Hz~300MHz 内连续变化。

⑤频偏的检查。"频标方式"选择置"10MHz/1MHz";"扫频方式"置"窄扫";调节"中心频率"旋钮,确定中心频率(例如:100MHz),"扫频宽度"旋钮由最小旋至最大,观察荧光屏上频标数,仪器最小扫频频偏小于±1MHz,最大扫频频偏大于±20MHz。

⑥检查扫频信号寄生调幅系数。如图 8-6 所示连接电路。输出衰减开关置于"0",Y 衰减按键置于"×1",调节"Y 增益"旋钮;则荧光屏上显示出高度适当的矩形方框,如图 8-8 所示,在规定的±20MHz(BT-3D 型)频偏下,设方框最大值为 A,最小值为 B,则寄生调幅系数为:

$$m = \frac{A-B}{A+B} \times 100\% \tag{8-1}$$

对应不同的扫频频偏,在整个频段内 m 应满足技术性能中规定的要求。

⑦检查扫频信号的非线性系数。

如图 8-6 所示连接电路。"中心频率"处任意位置,调节"扫频宽度"旋钮使频偏在 20MHz 以内,读出在中心频率 f_0 两边频偏量 Δf 相等的水平距离,如图 8-9 所示,记下偏离 f_0 的最大距离 A、最小距离 B,则非线性系数为:

$$\gamma = \frac{A-B}{A+B} \times 100\% \tag{8-2}$$

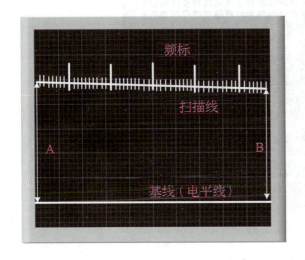

图 8-8 扫频信号寄生调幅

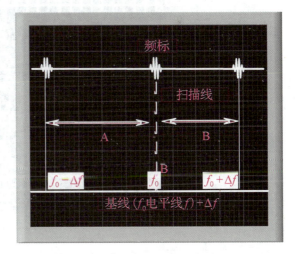

图 8-9 扫频信号非线性

⑧检查扫频输出电压。将面板上的"扫频方式"置于"点频"位置,调节"扫频宽度"旋钮使频偏最小,将超高频毫伏表经 75Ω 电缆接至射频输出端,此时整个频段内其输出电压应不小于 500mV。

根据以上操作步骤,将自检情况填入表 8-4。

表 8-4 扫频仪自检情况 2

自检项目	情况说明
扫频范围检查是否达标	
频偏检测是否达标	
扫频信号寄生调幅系数是否在要求范围内	
扫频信号的非线性系数为（ ）	
扫频输出电压是否达标	

⑨扫频仪 0dB 校正。

将扫频仪接有 75Ω 电阻的输入电缆，直接与检波头相连，如图 8-6 所示输出衰减开关置于 0dB；Y 衰减按键置 "×10"，极性置 "+"；调 "Y 位移"，使基线与屏幕的网格线最下一根对齐；调节 "Y 增益" 旋钮，屏幕上显示的矩形有一定的高度（如为 5 格），如图 8-10 所示。这个高度称为 0dB 校正线。此后 "Y 衰减" "Y 增益" 旋钮不能再动，否则测试结果无意义。

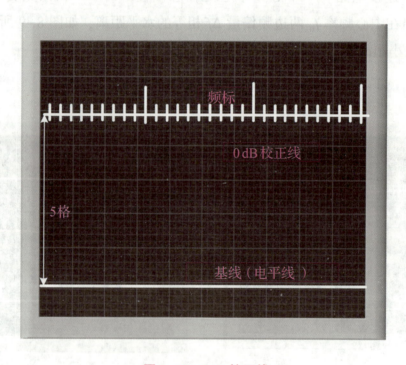

图 8-10 0dB 校正线

根据以上操作步骤，将自检情况填入表 8-5。

表 8-5 扫频仪自检情况 3

自检项目	情况说明
基线是否与屏幕的网格线最下一根对齐	
屏幕上显示的矩形高度为多少格	

3. 任务评价

对任务完成情况进行检查与评价,将自我评价、小组评价及教师评价得分分别填入表8-6中。

表8-6 检查与评价

任务序号		项目观测点	配分	评分标准(扣完为止)	操作人员					
					自我评价	得分	小组评价	得分	教师评价	得分
1	任务实施	仪器、测试线选择	5	选择错每个扣2分						
2		仪器接线	5	接线不规范每处扣1分						
3		模拟扫频仪自检	5	没完成自检每项扣2分						
4		仪器操作规范	10	不规范操作每次扣5分						
5		仪器读数	10	读数错误每次扣2分						
6		数据记录规范	10	每处扣1分						
7		完成工时	5	超时5分钟扣1分						
8		安全文明	5	未安全操作、整理实训台扣5分						
9	完成质量	幅频特性曲线显示	15	不符合要求每处扣2分						
10		扫频仪0dB校正	20	不规范每处扣2分						
11	专业知识	完成练习题	10	未完成或答错一道题扣1分						
合计			100							
加权得分 (自我评价×30%+小组评价×30%+教师评价×40%)										
综合得分										

任务 2　特征频率、带宽的测量

任务描述

使用扫频仪测量线性电路的特征频率、增益及带宽。

任务分析

本任务需测量的参数均在线性电路幅频特性曲线上获得，正确地显示幅频特性曲线是关键。要知道馈线与探头的结构及基本用法，正确选用探头。测量增益时，要进行零分贝校正，按照特性测量原理及测量步骤进行电路（网络）的特征频率的测量，记录数据和描绘频率特性曲线。

知识链接

1. 馈线与探头

馈线是指将扫频仪输出的扫频信号连接到被测网络输入端的高频电缆线，而探头则是指将被测网络输出端的信号连接到扫频仪的 Y 轴输入端的低频电缆线。在 BT-3D 型扫频仪中，馈线有两种，探头也有两种，在不同的情况下需要选用不同的馈线和探头。馈线的选用，主要是要考虑到扫频仪的扫频信号输出端的输出阻抗、馈线的特性阻抗以及被测网络的输入阻抗三者要实现阻抗匹配。这里，扫频仪的扫频信号输出端的输出阻抗为 75Ω，馈线的特性阻抗也为 75Ω（BT-3D 型扫频仪主要用于电视系列的设备，故阻抗统一为 75Ω。如若用于通信系列的设备，则阻抗应统一为 50Ω），而被测网络的输入阻抗则不一定，有可能是 75Ω（例如电视机的高频头或中频通道），也可能远远高于 75Ω，故 BT-3D 扫频仪配备有两种馈线，一种称为匹配电缆，一种称为非匹配电缆。对于匹配电缆，在其连接被测网络输入端的一头，内部接有 75Ω 的电阻。这个 75Ω 的匹配电阻在电缆的外表看不出来，但是可以通过欧姆表测量出来。它用于当被测网络的输入阻抗远远大于 75Ω 的场合，如图 8-11 所示。

图 8-11 中，在扫频仪的扫频信号输出端这一边，扫频信号源的输出阻抗（75Ω）与电缆的特性阻抗（75Ω）是匹

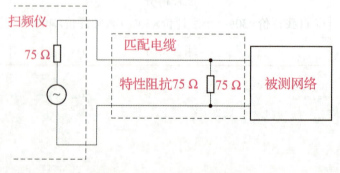

图 8-11　阻抗匹配网络

配的，而在被测网络输入端这一边，如果被测网络的输入阻抗远远高于75Ω，则与75Ω的特性阻抗是不匹配的，这是不允许的，但是由于匹配电缆在连接被测网络的这一边电缆内部接有一个75Ω的电阻，该电阻与被测网络输入端的高阻抗相并联，其并联结果仍然近似为75Ω，相当于把被测网络输入端的阻抗改变为75Ω，从而实现了阻抗匹配。

非匹配电缆和匹配电缆在外形上没有什么区别，但用欧姆表测量非匹配电缆的内外导体之间的电阻，则为无穷大，即非匹配电缆内部没有连接75Ω的匹配电阻。它用于被测网络输入端的阻抗本身就是75Ω的情况。

所以说，当被测网络输入端阻抗匹配时应使用非匹配电缆，而当被测网络输入端阻抗不匹配时，则应使用匹配电缆。

扫频仪中的Y轴探头也有两种：一种是检波探头，一种是非检波探头。检波探头内部设置有检波器，而非检波探头内部则没有设置检波器。检波探头用于当被测网络中没有检波器的情况下，例如滤波器等。而有的被测电路中本身就含有检波器，例如电视机中频通道的检波器输出端，此时，就不应该采用检波探头，而应该采用非检波探头。

扫频仪的探头和输出连接电缆的实际外形如图 8-12 和图 8-13 所示。其中，图 8-12 为检波探头，图 8-13 为匹配电缆。

图 8-12　检波探头

图 8-13　匹配电缆

2. 零分贝校正

零分贝校正是指在扫频仪的显示屏上确定零分贝线。如果被测网络的频率特性曲线超过了这个零分贝线，则说明有增益，如果低于这个零分贝线则说明有衰减。

零分贝校正的方法是：将匹配电缆连接到扫频仪的扫频信号输出端，将扫频仪的检波探头连接到扫频仪的Y轴输入端，然后将匹配电缆与检波探头对接。此时，扫频仪的显示屏上应该显示出一个矩形框，如图 8-14 所示。

因为扫频信号直接与检波器相连，中间没有经过任何被测网络，扫频信号既没有经过被测网络的衰减，也没有经过被测网络的增益，所以，顶部的直线为零分贝线，可以通过Y增益旋钮将矩形框的高度进行调节，也可以通过Y位移旋钮将矩形框进行上下移动，但是，无论调节到什么情况，矩形框的顶部的直线所对应的显示屏上的标尺线就是零分贝线，底部的直线所对应的显示屏上的标尺线就是基线。

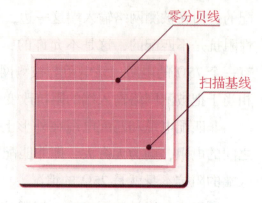

图 8-14　零分贝线

需要注意的是，在零分贝校正过程中，如果采用的非匹配电缆，则因为检波探头的输入阻抗与馈线的特性阻抗不匹配，将会造成矩形框的顶部电平起伏，即不成为直线。尤其是在通过中心频率旋钮将扫频信号的中心频率调节得较高时，顶部电平起伏将会更显著。这势必影响对被测网络的测量，此时，可以在非匹配电缆的输出端并联一个75Ω的电阻，以实现阻抗匹配。

注意：在零分贝校正的过程中，扫频信号的衰减开关置于什么挡位则要看具体的情况。

3. 特征频率、带宽的测量

（1）基本测量原理

频率特性网络的特征频率对于带通网络而言，则是指曲线峰值所对应的频率；对于高通或低通网络而言，则是指曲线高度下降到平顶高度的-3dB（即 0.707 倍）时所对应的频率；而带通网络的带宽则是指当曲线高度下降到峰值高度的-3dB时的两个频率点的频率之差。测量时，只要找到曲线的这些特征频率点，然后根据频标（或外频标）读出其频率即可。由于特征频率都是在被测网络的频率特性曲线特定的相对高度处（要么是最大值处，要么是相对于最大值衰减 3dB 处），所以，在测量中无须进行"零分贝校正"。这里，我们假设被测网络是一个并联谐振电路，并且扫描基线和零分贝线调整如图 8-14 所示。其操作步骤一般如下。

（2）测量步骤

①根据被测网络的输入阻抗和是否含有检波器选用正确的馈线和探头。

②调节扫频仪的扫频信号的输出幅度。通过输出衰减开关可以调节扫频信号的输出幅度。如果被测网络是无源网络，则扫频信号幅度大小没有什么关系，但是，如果被测网络是有源网络，则扫频信号幅度应该尽可能与被测网络实际工作时的信号幅度接近。

③调节频率度盘，寻找曲线的峰值响应部分或特征频率附近的曲线段，将曲线的峰值响应部分或特征频率附近的曲线段移动到显示屏的水平中间。调节输出衰减开关和Y增益旋钮使得曲线高度合适，同时调节扫频宽度旋钮将曲线展宽到合适的程度。

④确定特征频率点。调节曲线的峰值高度（通过Y增益旋钮），使其与某一垂直标尺格平齐。如图 8-15（a）所示。将扫频输出衰减减小 3dB，曲线高度会上升，而曲线与该垂直标尺格的交点处就是特征频率处，如图 8-15（b）所示，图中的小圆点表示特征频率处。

⑤将频标选择开关置于 10MHz/1MHz 挡位或者 50MHz 挡位（10MHz/1MHz 挡位用于准确

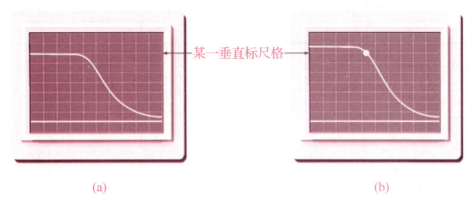

图 8-15 特征频率点

读数,50MHz 挡位用于确定大致的频率范围),调节频标幅度旋钮,使得频标幅度合适。

⑥寻找"零频标"。要根据频标读出特征频率的值,首先得知道"零频标"。"零频标"是一个形状很奇特的频标,将频率度盘顺时针调节就可以很容易找到,如图 8-16 所示。找到"零频标"后,再逆时针调节频率度盘,同时数曲线上的频标,直到曲线上的特征频率处,即可将特征频率读出来。

⑦对于带宽的测量,由于它是两个频率点之差,所以无须寻找"零频标",只需要将两个-3dB 的转折频率之间的频率间隔读出来就可以了。

⑧由于扫频仪的最小频标间隔是 1MHz,所以只能大概读出特征频率,如果需要精确读数,则需要使用"外频标"。"外频标"的使用方法是采用一个外部信号源,将外部信号源的信号耦合到扫频仪的外频标信号输入端,这时扫频仪所显示的曲线上会出现一个频标(而不是一系列频标),这个频标就是外部信号源的频率所对应的频标。调节外部信号源的频率,则频标会在曲线上移动,直到移动到被测曲线的特征频率处,这时,通过读取外部信号源的频率即可精确测出曲线上的特征频率。只是 BT-3D 型扫频仪需要外频标信号源的输出功率比较大,否则所显示的频标幅度不足。

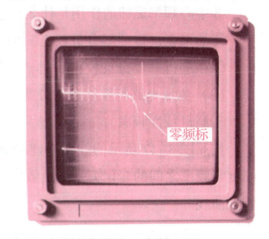

图 8-16 零频标

任务实施

1. 课前准备

课前完成线上学习,熟悉 BT-3D 型扫频仪性能指标、面板装置按钮的功能及作用。

2. 任务引导

(1)准备工作

准备仪器:小组讨论,准备一块被测量电路,列出测量电路的特征频率、带宽所需要的器材名称、型号、数量、作用填入表 8-7 中。

表 8-7 测量器材

序号	器材名称	型号	数量	作用
1				
2				
3				
4				

（2）完成练习题

①什么是频率特性？什么是幅频特性？

②频带宽度是指_____。

③中心频率旋钮的作用是什么？它调节输出扫频信号的什么参数？

④如果在进行"零分贝校正"的操作时采用非匹配电缆，则会产生什么现象？

⑤在进行"零分贝校正"时，扫频输出衰减开关应置于什么挡位？

（3）测量电路特性频率、带宽

①测量特性频率。

按照图 8-17 所示的线路搭建测试系统，测量被测电路的频率特性，根据扫频仪的显示，幅度与频率之间的变化关系读出数值填入表 8-8 中，在坐标（图 8-18）上描画出电路的幅频特性曲线。

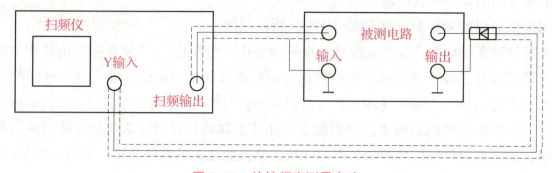

图 8-17 特性频率测量电路

表 8-8 频率特性测量数据

特征频率/MHz						
幅度/V						
增益						

②测量带宽。

对于宽带电路，可以直接用扫频仪的内频标方便地显示和读出频率特性曲线的宽度，为了更准确地测量，有时也使用外频标。

对于窄带调谐电路，可以由图形曲线看出谐振频率 f，如图 8-19 所示。使扫频仪输出衰减置于3dB处，调整 Y 增益，使图形峰点与屏幕上某一水平刻度线（虚线 AA'）相切，然后使扫频信号输出电压增加 3dB，则曲线与虚线 AA' 相交，两交点所对应频率即为上、下频率 f_H、f_L，则带宽为

$$BW = f_H - f_L \tag{8-3}$$

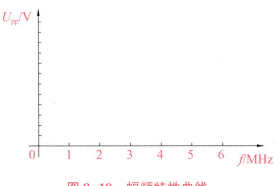

图 8-18 幅频特性曲线

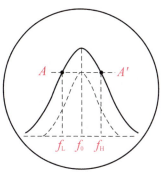

图 8-19 频率特性曲线

将实际测量结果填入表 8-9 中。

表 8-9 带宽测量数据

上频率 f_H	下频率 f_L	带宽 BW

3. 任务评价

对任务完成情况进行检查与评价，将自我评价、小组评价及教师评价得分分别填入表 8-10 中。

表 8-10 检查与评价

任务序号		项目观测点	配分	评分标准（扣完为止）	操作人员				完成工时	
					自我评价	得分	小组评价	得分	教师评价	得分
1	任务实施	仪器、测试线选择	5	选择错每个扣 2 分						
2		频率特性	5	没完成自检每项扣 2 分						
3		仪器操作规范	10	不规范操作每次扣 5 分						
4		仪器读数	10	读数错误每次扣 2 分						
5		数据记录规范	15	每处扣 1 分						
6		完成工时	5	超时 5 分钟扣 1 分						
7		安全文明	5	未安全操作、整理实训台扣 5 分						

任务序号		项目观测点	配分	评分标准（扣完为止）	操作人员		完成工时			
					自我评价	得分	小组评价	得分	教师评价	得分
8	完成质量	描绘幅频特性曲线	15	不符合要求每处扣2分						
9		测量带宽	20	不规范每处扣1分						
10	专业知识	完成练习题	10	未完成或答错一道题扣1分						
	合计		100							
	加权得分（自我评价×30%＋小组评价×30%＋教师评价×40%）									
	综合得分									

任务3　带内增益与带外衰减的测量

任务描述

使用扫频仪测量线性电路的带内增益、带外衰减。

任务分析

本任务需测量的参数均在线性电路幅频特性曲线上获得，正确地显示幅频特性曲线是关键。根据带内增益、带外衰减测量原理及测量步骤，选择测量方法进行测量，将数据记录表内并计算带内增益大小。

知识链接

1. 带内增益基本测量原理

所谓带内增益是指有源网络在通带范围内的增益，即在通带范围内输出信号幅度与输入信号幅度之比。由于增益是指输出信号与输入信号幅度之比，所以测量时必须进行"零分贝校正"。在"零分贝校正"的操作中所确定的"零分贝线"代表了没有任何网络增益和衰减时的信号幅度，而测量时，由于有源网络存在增益，所以扫频仪上所显示的被测网络的频率特性曲线的峰值必将超过"零分贝线"，这时，我们可以通过调节扫频仪上的扫频输出衰减开关，减小扫频信号幅度，所显示的曲线峰值将会下降，当曲线峰值降低到"零分贝线"的时候，对扫频信号的衰减正好就是被测网络的增益，可以通过扫频输出旋钮的改变量读出被测网络的带内增益。

测量步骤如下。

①根据被测网络的输入阻抗和被测网络是否含有检波器选用正确的馈线和探头。

②零分贝校正。首先通过调节扫频信号输出衰减开关来调节扫频信号的输出幅度。BT-3D型扫频仪的最大输出幅度大约为500mV（有效值），例如将扫频信号衰减开关置于40dB挡位，则扫频信号的输出幅度为5mV。因为被测网络是有源网络，所以需将扫频信号幅度调节至与被测网络在实际工作时的信号幅度相近，而不宜将扫频输出衰减开关置于过大挡位。例如，如果置于50dB挡位，则最大的增益测量范围只能在80dB-50dB=30dB之内。然后按照前面所介绍的零分贝校正的方法进行零分贝校正，零分贝校正的结果与图8-14相同。注意在测量中不可再调节Y位移和Y增益旋钮，不然"零分贝线"就发生了改变，测量就不正确了。

③通过馈线将扫频仪输出的扫频信号馈送到被测网络输入端，通过Y轴探头将被测网络输出端的信号馈送到扫频仪的Y轴输入端。

④调节扫频仪的频率度盘。寻找被测网络的频率特性曲线，即将被测网络的频率特性曲线的峰值响应部分移动到显示屏的水平中间同时调节扫频宽度旋钮将曲线展宽到合适的程度。此时，被测曲线与如图8-20相似。

注意，图8-20所示曲线的峰值高度高于图8-14的矩形框的高度，则说明被测曲线在峰值处存在增益。当然，对于被测网络频率特性曲线上的任意一个频率点都是如此，只要在该频率点上曲线高度超过了"零分贝线"，就说明在该频率上存在着增益。

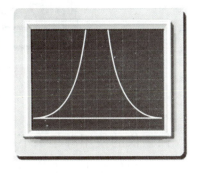

图8-20 频率特性曲线展宽

⑤逆时针调节扫频输出衰减开关，即加大扫频输出衰减，减小扫频输出幅度，使得所显示的曲线高度降低到与"零分贝线"平齐，如图8-21所示。这时，扫频输出衰减的改变量（例如由零分贝校正时的20dB改变到45dB，改变量为25dB）就是被测网络在峰值频率处的增益，即带内增益。

2. 带外衰减基本测量原理

所谓带外衰减指的是在通频带之外的某个频率处（例如转折频率的倍频处或10倍频处）的信号幅度相对于通频带之内的信号幅度之比。由于带外衰减是同一条曲线上的不同频率点处的信号幅度比，所以，测量时无须进行"零分贝校正"。只需找出曲线的峰值高度与带外某个频率处高度之间的分贝差值就得到测量结果了。

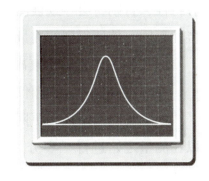

图8-21 频率特性幅度衰减

测量步骤如下。

①根据被测网络的输入阻抗和被测网络是否含有检波器选用正确的馈线和探头。

②通过调节 Y 增益旋钮将被测网络曲线的峰值调节到合适的高度，不必要非要调节到"零分贝线"，但是曲线的峰值高度需要调节到与某一垂直标尺格子平齐，并且记住这个垂直标尺格，例如如图 8-21 所示。

③确定带外需要测量其衰减的某个频率，例如曲线峰值处频率的倍频处（例如曲线峰值处频率为 10MHz，则倍频处即为 20MHz），通过频标找到曲线上的这个频率点，如图 8-22 所示。图中小圆点表示带外需要测量其衰减量的频率点。

④记住此时扫频输出衰减开关的挡位，在此基础上，减小扫频输出衰减，则曲线高度会上升，直到图 8-22 中的小圆点处（即指定频率处）高度上升到与原来的峰值高度处的垂直标尺格平齐，如图 8-23 所示。这时，扫频输出衰减的改变量就是该频率处相对于峰值处频率的信号衰减，即所谓的带外衰减。

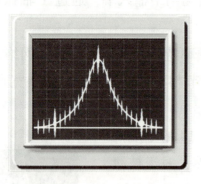
图 8-22　带外衰减频率点

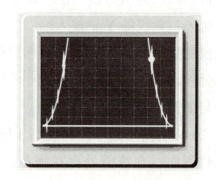
图 8-23　减小带外衰减特性曲线

3. 测量时应注意问题

扫频仪的使用看起来不难，但是其中一些基本概念容易被人们所忽视，从而导致测量错误或者因为使用上的不当而导致一些莫名其妙的现象出现。在使用扫频仪时，不仅要关心扫频仪本身的使用方法，而且要关心被测网络的基本特性，从而使得被测网络在测量中保持原有特性，否则将会导致被测网络在测量过程中的特性发生改变，与被测网络在实际使用中的特性不同，使所得到的测量结果不真实。

（1）测量时的输出衰减挡位

在测量过程中，扫频仪的扫频输出衰减开关应该置于什么挡位呢？

如果被测网络是无源网络，则被测网络对输入信号只可能存在衰减，不可能有增益。所以在测量之始进行"零分贝校正"时，应该将扫频输出衰减开关置于比较大的挡位。例如，设被测网络是一个无源带通网络，在进行"零分贝校正"时（如图 8-14 所示），将扫频输出衰减旋钮置于 10dB 挡位，测量时，被测网络的频率特性例如如图 8-24 所示。由于被测网络是无源网络，故所显示的曲线高度远远低于"零分贝线"，这时，如果想要测量被测网络在曲线峰值处的衰减，就必须减小扫频输出衰减，以使得曲线高度上升到与"零分贝线"平齐，如图 8-21 所示。但是，由于在进行"零分贝校正"时扫频输出衰减旋钮被置于 10dB 挡位，故扫频输出最多只能减小 10dB 了，可能即使将扫频输出衰减由 10dB 减小到 0dB，曲线的峰值高度也不能够与"零分贝线"平齐，这就使测量无法进行下去了。所以，如果要测量无源网络的衰减，则在进行"零分贝校正"的操作时就不宜将扫频输出衰减旋钮置于过小的挡位。当然，如果只是测量带宽或者带外衰减，就可不考虑这些情况。

如果被测网络是有源网络，则由于网络存在增益，所以被测网络的频率特性曲线的高度就会超过"零分贝线"，如图 8-20 所示。这时，如果要测量网络在曲线峰值处的增益，就得加大扫频输出衰减，以使得曲线的峰值高度下降到与"零分贝线"平齐。但是，如果在进行"零分贝校正"时扫频输出衰减旋钮就已经被置于比较大的衰减挡位，例如 70dB，则同样调节范围有限，使得测量进行不下去。所以，对于被测网络是有源网络的情况，如果要测量增益，则在进行"零分贝校正"时就不宜把扫频输出衰减旋钮开关置于过大的挡位。

当然，对于有些情况，还得具体对待。例如被测网络是无源二阶低通网络，由于可能存在着比较高的谐振峰，如图 8-25 所示。如果我们想测量谐振峰的高度，则也不能在测量之始将扫频输出衰减开关置于过大的挡位。

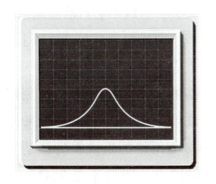

图 8-24　衰减 10dB 被测网络频率特性

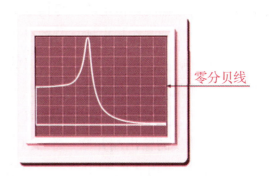

图 8-25　高谐振峰频率特性曲线

（2）测量有源网络时的扫频信号幅度

有源网络是指网络中含有放大器，例如小信号谐振放大器就是属于有源网络。这时，需要充分注意的是在测量时扫频信号的幅度不可过大，而要求尽可能地接近被测网络的真实的输入信号幅度，否则，被测网络中的放大器会因为输入信号幅度过大而进入非线性区域，从而使得测量结果不正确，而且可能会出现一些奇怪的现象。

例如对于一个谐振频率为 10MHz 的小信号谐振放大器，如果测量时扫频信号的幅度过大，如将扫频输出衰减开关置于 10dB 挡位，此时扫频信号幅度可能会达到一百多毫伏（BT-3D 型扫频仪的最大扫频信号输出幅度不小于 500mV），扫频仪的显示屏上可能会显示出如图 8-26 所示的图形。

对于采用集中滤波、集中放大的有源网络，例如接收机中的中频放大器，如果测量时输入到网络的扫频信号幅度过大，也会产生其他的奇怪现象。这时，在滤波器的通带范围之内，信号幅度过大，使得放大器产生限幅；而在带外，扫频信号因为被滤波器衰减而幅度变小，放大器就处于线性区域，从而将被测网络的频率特性曲线的顶部削平，如图 8-27 所示。

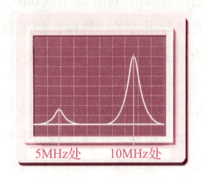

图 8-26 双峰曲线

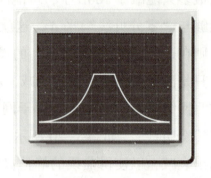

图 8-27 顶部被削的频率特性曲线

（3）测量中的阻抗匹配

在扫频仪的测量中，扫频仪的扫频信号输出端、馈线、被测网络输出端三者应该要匹配。如果不匹配，则馈线的输出端信号幅度将会与频率有关，而馈线中所传输的正是频率不断改变的扫频信号，所以，馈线输出端的信号幅度也会随着扫频信号的频率不同而不同，换句话说，这时候，馈线本身就具有频率特性，从而会对被测网络的频率特性形成影响。如果三者阻抗匹配，则馈线输出端的信号幅度是恒定的，与扫频信号的瞬时频率无关，这就不会对被测网络的频率特性形成影响。这种影响，在频率越高时越显著，一般来说，当频率达到十几兆赫兹以上时，就应该注意避免这种影响了，而且，当被测网络的带宽很宽时，也应该考虑这种影响。

为了实现测量中的三者的阻抗匹配，要注意被测网络的输入阻抗。如果被测网络的输入阻抗比较大（不一定需要知道其准确值），则测量时应该采用匹配电缆，如果采用非匹配电缆，则应该在馈线的输出端并联一个 75Ω 的电阻；如果被测网络的阻抗本身就是 75Ω（如电视设备），则应该采用非匹配电缆。当然，如果被测网络的输入阻抗不是 75Ω，但又不是很大，则需要采用其他方法，例如在被测网络的输入端并联某个阻值的电阻。

在测量过程中，并不需要被测网络的输出端与探头的阻抗匹配，这是为什么呢？——这是因为在被测网络的输出端有检波器（或者是被测网络本身所具有的，或者是在检波探头中），经过检波的信号频率很低，阻抗的不匹配不会影响被测网络的频率特性。所以，在被测网络的输出端并不讲究阻抗匹配。

任务实施

1. 课前准备

课前完成线上学习，复习 BT-3D 扫频仪面板装置按钮的功能及作用。

2. 任务引导

（1）准备工作

①准备仪器：小组讨论，列出本次测量所需要的器材名称、型号、数量、作用填入表 8-11 中。

表 8-11　测量器材

序号	器材名称	型号	数量	作用
1				
2				
3				
4				

（2）完成练习题

①在测量网络的增益时为什么要进行"零分贝校正"？什么是"零分贝线"？

②如果被测网络是纯电阻网络，则显示屏上将显示出什么样的图形？

③如果已知被测网络的输入阻抗为150Ω，试问如何实现测量中的阻抗匹配？

④在用扫频仪测量高频网络时，不能将馈线的引线或者探头的探针任意延长，为什么这样要求？

⑤使用扫频仪时，什么情况下要用检波探头？什么情况下不用检波探头？

（3）测量电路带内增益、带外衰减

按照图 8-28 所示连接线路，根据前面所述测量步骤，完成带内增益、带外衰减测量。根据显示的幅频特性曲线可以得出各种电路参数。

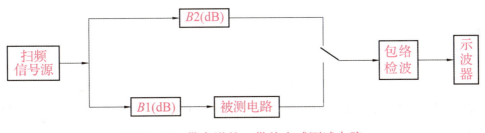

图 8-28　带内增益、带外衰减测试电路

①测量带内增益。

方案 1（先进行 0dB 校正）：

调节好幅频特性后，用粗、细调衰减器即"输出衰减"开关调节扫频信号电压幅度，（注意衰减器的总衰减量应不大于放大器设计的总增益）。使显示的幅频特性曲线高度处于 0dB 校正线附近。如果高度正好和校正线等高，则输出衰减开关所指分贝刻度即为被测电路的增益值。如果幅频特性曲线高度不在 0dB 校正线上，则可根据每格的增益倍数（根据分贝数据算）进行粗略的估算。测量精度不够时，常利用外频标。

方案 2（不需先进行 0dB 校正）：

调节好幅频特性后，用粗、细调衰减器控制扫频信号电压幅度（注意衰减器的总衰减量应不大于放大器设计的总增益），若显示器的幅频高度为 H，输出衰减为 $B1$（dB），将检波探头与扫频输出端短接，改变"输出衰减"开关挡位，使幅频高度仍为 H，此时输出衰减的读

数若为 $B2$（dB），则该放大器增益为：

$$A=（B1-B2）（dB） \tag{8-4}$$

应当注意，在得到衰减量 $B1$ 读数后，应保持扫频仪的"Y 增益"旋钮位置不变，否则，测量结果不准确。测量数据填入表 8-12 中。

表 8-12　带内增益测量数据表

衰减 $B1$	衰减 $B2$	增益 A

②带外衰减。

根据幅频特性曲线，找出峰值频率、转折频率，并依据带外衰减定义，在转折频率的倍频处或 10 倍频处读出幅值填入表 8-13 中，并计算出衰减量（某频率点幅值与峰值之比）。

表 8-13　带外衰减测量数据表

频率 f	峰值频率 f	转折频率 f_L	带外频率 f_1	带外频率 f_2	转折频率 f_H	带外频率 f_3	带外频率 f_4
衰减							

3. 任务评价

对任务完成情况进行检查与评价，将自我评价、小组评价及教师评价得分分别填入表 8-14 中。

表 8-14　检查与评价

任务序号		操作人员			完成工时				
	项目观测点	配分	评分标准（扣完为止）	自我评价	得分	小组评价	得分	教师评价	得分
1	仪器、测试线选择	5	选择错每个扣 2 分						
2	仪器接线	5	接线不规范每项扣 1 分						
3	仪器操作规范	10	不规范操作每次扣 5 分						
4	仪器读数	10	读数错误每次扣 2 分						
5	数据记录规范	15	每处扣 1 分						
6	完成工时	5	超时 5 分钟扣 1 分						
7	安全文明	5	未安全操作、整理实训台扣 5 分						

续表

任务		项目观测点	配分	操作人员			完成工时				
序号		项目观测点	配分	评分标准（扣完为止）	自我评价	得分	小组评价	得分	教师评价	得分	
8	完成质量	测量带内增益	15	不符合要求 每处扣2分							
9		测量带外衰减	20	不规范 每处扣2分							
10	专业知识	完成练习题	10	未完成或答错一道题扣1分							
合计			100								
加权得分 （自我评价×30%＋小组评价×30%＋教师评价×40%）											
综合得分											

思考与练习 8

1. 什么是频率特性？举出三个例子说明频率特性。
2. 频率特性的测量有哪些方法？各有何特点？
3. 什么是扫频信号？扫频信号起什么作用？
4. 扫频仪是由哪几部分组成的？各起什么作用？
5. 什么是扫频宽度？如何调节扫频宽度？
6. 频标起什么作用？
7. 利用扫频仪可以测量哪些参数？
8. 示波器与频谱仪的区别是什么？各有什么用途？
9. BT-3D型扫频仪扫频信号幅度大约是多少？工作于全扫方式时频率范围是多少？

项目九

综合测试

学习目标

进一步理解电子元件的伏安特性及参数含义，掌握二极管、三极管等电子元件伏安特性测试方法，学习电压表、电流表以及稳压电源在测试电路的运用。加强电压表、电流表的使用方法实际训练，学会搭建测试电路，掌握基本的操作技能，提高在实践过程中发现问题解决问题的能力；培养安全操作意识，养成良好的职业习惯，提高职业素养。

任务1　电子元件特性测试

任务描述

学习电阻、二极管和三极管的基本特性和作用，运用电压表、电流表及稳压电源等仪器，在面包板上搭建电阻、二极管和三极管伏安特性测试电路，用伏安法测量电阻值、二极管的正向和反向伏安特性、三极管的输入和输出伏安特性，并做数据记录，在坐标纸上画出其特性曲线。

任务分析

要先课前熟知电阻、二极管和三极管的作用、参数和特性，电压表、毫安表、微安表的使用方法、刻度盘及读数方法。

学习电子元件伏安特性测量原理，选择测量仪器、器材搭建测试电路，制定出测试步骤，合理选取测试点，做好数据记录，依据数据描出伏安特性曲线。

用伏安法测量被测量电阻值，搭建测试电路时，要预估被测电阻大小选择采用电流内接还是外接，以减小测量系统误差。在测试二极管伏安特性时，正向电阻较小，电流表应采用外接方式，以减小系统误差；同样在测试三极管输入特性时，微安表也应该采用外接方式。在搭建测试电路时，要根据电子元件参数的差别，选用合适的测量仪器仪表，可减少仪器仪表的量程范围带来的测量误差。

知识链接

电子元器件的伏安特性是电流与电压之间的变化关系。伏安特性曲线图常用纵坐标表示电流 I、横坐标表示电压 U，以此画出的 I–U 图像叫做导体的伏安特性曲线图。伏安特性曲线是针对导体的，也就是耗电元件，图像常被用来研究导体电阻的变化规律，是物理学常用的图像法之一。

线性元件的伏安特性满足欧姆定律。可表示为：$U = IR$，其中 R 为常量，它不随其电压或电流改变而改变，其伏安特性曲线是一条过坐标原点的直线，具有双向性。

非线性元件不遵循欧姆定律，它的阻值 R 随着其电压或电流的改变而改变，其伏安特性是一条过坐标原点的曲线。

测量方法：在被测元件上施加不同极性和幅值的电压，测量出流过该元件中的电流；或在被测元件中通入不同方向和幅值的电流，测量该元件两端的电压，便得到被测电阻元件的伏安特性。

1. 伏安法测量电阻

（1）测量原理

根据欧姆定律 $R = \dfrac{U}{I}$，只要测量出电阻两端的电压和流过电阻的电流，就可计算出电阻的阻值。

如图 9-1 所示，其电流表有内、外两种接法，对测量结果的影响分析如下。

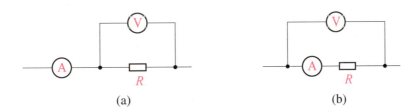

图 9-1　电流表的接法
（a）外接法；（b）内接法

误差分析：外接法由于电压表的分流作用导致电流的测量值偏大，进而导致电阻测量值偏小，适合测小电阻。内接法由于电流表的分压作用导致电压的测量值偏大，进而导致电阻测量值偏大，适合测大电阻。

（2）测量方法

1）给定电压表，定值电阻

①如图 9-2 所示连接电路，被测电阻 R 与已知电阻 R_0 串联接入电路，用电压表分别测 R、

R_0 两端的电压 U_1、U_2，根据电流相等写方程 $\dfrac{U_1}{R}=\dfrac{U_2}{R_0}$ 得到

$$R=\dfrac{U_1 R_0}{U_2}$$

计算出被测电阻 R。

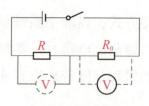

图 9-2　串联电阻电路

②如图 9-3 所示连接电路，闭合开关 S，单刀双掷开关接到 b 点，记下电压表示数 U_1；开关 K 接到 a 点，记下电压表示数 U_2，根据电流相等写方程：

$$\dfrac{U_2}{R_0}=\dfrac{U_1-U_2}{R}$$

得到，

$$R=\dfrac{U_1-U_2}{U_2}R_0$$

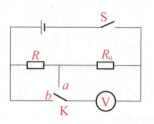

图 9-3　开关转换电路

可计算出 R 电阻值。

2）给定电流表、定值电阻

①如图 9-4 所示连接电路，被测电阻 R，已知电阻 R_0 并联接入电路；用电流表分别测 R、R_0 的电流 I_1、I_2。根据电压相等写方程：

$$I_1 R = I_2 R_0$$

得到，

$$R=\dfrac{I_2 R_0}{I_1}$$

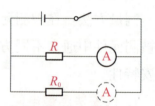

图 9-4　并联电阻电路

可计算出 R 的阻值。

②如图 9-5 所示连接电路，闭合两开关，记下电流表示数 I_1；断开 S_2，记下电流表示数 I_2，根据电源电压等于两个电阻两端电压之和写方程得到

$$I_1 R = I_2 R + I_2 R_0$$

可计算出电阻 R 的阻值。

$$R=\dfrac{I_2 R_0}{I_1-I_2}$$

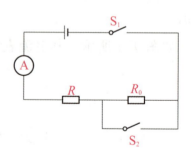

图 9-5　开关转换电路

2. 二极管的伏安特性测试

（1）二极管的伏安特性

二极管的伏安特性是指加在二极管两端的电压 u 与流过二极管的电流之间的关系，即 $i=f(u)$。包含正向特性和反向特性。

①正向特性。二极管伏安特性曲线的第一象限称为正向特性，它表示外加正向电压时二极管的工作情况。由图 9-6 可知，当外加二极管上的正向电压较小时，正向电流小，几乎等于零。只有当二极管两端电压超过某一数值 U_{on} 时，正向电流才明显增大。将 U_{on} 称为死区电

压。死区电压与二极管的材料有关。一般硅二极管的死区电压为 0.5V 左右，锗二极管的死区电压为 0.2V 左右。当正向电压超过死区电压后，随着电压的升高，正向电流将迅速增大，电流与电压的关系基本上是一条指数曲线。因此，在使用二极管时，如果外加电压较大，一般要在电路中串接限流电阻，以免产生过大电流烧坏二极管。

②反向特性。特性曲线的左半部分称为反向特性，由图 9-6 可知，当二极管加反向电压，反向电流很小，而且反向电流不再随着反向电压而增大，即达到了饱和，这个电流称为反向饱和电流，用符号 I_S 表示。

③反向击穿特性。如果反向电压继续升高，当超过 U_{br} 以后，反向电流急剧增大，这种现象被称为击穿，U_{br} 称为反向击穿电压。各类二极管的反向击穿电压从几十伏到几百伏不等。反向击穿时，若不限制反向电流，二极管的 PN 结会因功耗大而过热，导致 PN 结烧毁。

稳压二极管利用二极管的反向击穿特性，起稳定电路电压的作用。稳压二极管同时也具有普通二极管的单向导电特性。其工作原理是：当反向电压加大到一定程度时，反向电流会突然增大，这时二极管因击穿而进入击穿区，进入此区后，尽管电流在很大的范围内变化，而二极管两端的电压却基本上稳定在击穿电压附近，从而实现了二极管的稳压功能。

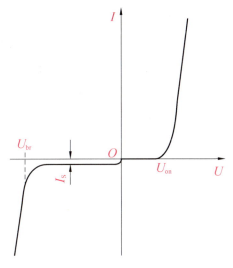

图 9-6 二极管伏安特性曲线

（2）二极管伏安特性的测试方法

如图 9-7（a）所示二极管正向特性测量电路。二极管在正向导通时，呈现的电阻值较小，采用电流表外接测试电路可以减少测量误差，电压表并接在二极管两端。调节电源电压，测量出二极管压降和电流，得到流经二极管电流 i_D 与二极管电压 U_D 之间的关系曲线。

如图 9-7（b）所示二极管反向特性测试电路。二极管的反向电阻值很大，采用电流表内接测试电路可以减少测量误差。改变电源电压，同样可得到 i_D 与 U_D 之间的关系曲线。

$$i_D = f(u) = \frac{E - U_D}{R}$$

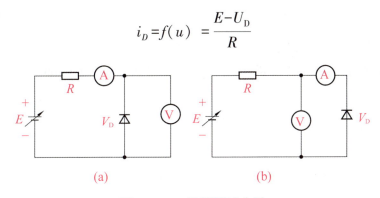

图 9-7 二极管测试电路

（a）二极管正向特性测试电路；（b）二极管反向特性测试电路

3. 三极管的伏安特性测试

(1) 三极管的伏安特性

三极管的伏安特性是指三极管各电极电流和极间电压之间的关系，这种关系可以用曲线来形象地表示，这些曲线叫三极管的伏安特性曲线，简称特性曲线（如图9-8所示）。三极管的特性曲线包括：输入特性曲线和输出特性曲线，三极管不同的连接方法有不同的特性曲线。其中最常用的是以发射极为公共端的共发射极电路，对共发射极电路的输入特性和输出特性进行测试。

① 输入特性，是指当 U_{ce} 不变时，输入电压 U_{be} 和输入电流 I_b 之间的关系曲线，如图9-8（a）所示。由图可知，三极管的输入特性曲线和二极管的伏安特性曲线基本相同，不过在 U_{ce} 增大时曲线略有右移。

② 输出特性，是指当输入电流 I_b 不变时，输出回路电压 U_{ce} 和输出电流 I_c 之间的关系曲线，如图9-8（b）所示，可分三个区：截止区、饱和区、放大区。

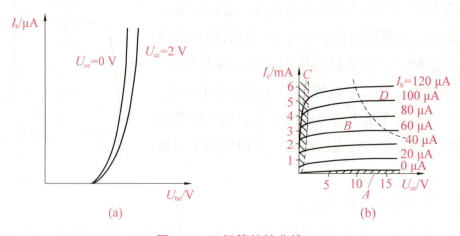

图 9-8　三极管特性曲线

(a) 三极管输入特性曲线；(b) 三极管输出特性曲线

a. 截止区。把 $I_b \leq 0$ 的区域称为截止区，即图9-8（b）中的 A 所指向的区域。此时发射结上所加的电压 U_{be} 不足以克服发射结的死区电压，甚至发射结处于反向偏置状态（$U_{be}<0$，所以形成的 I_c（或 I_e）很小，仅有很小的穿透电流 I_{ceo}。

b. 饱和区。当 $U_{be}>0$（发射结处于正偏）且克服了发射结的死区电压时，三极管即脱离截止区，I_b 开始出现。若 $U_{ce}<U_{be}$，则此时集电结处于正偏状态，不利于基区电子的收集，所以此时基本上不随基极电流而变化，这种现象称为饱和，即图9-8（b）中的 C 所指的区域。在饱和区三极管失去了放大作用，此时的 I_c 和 I_b 之间的关系不是 β 倍。而当 U_{ce} 逐渐上升直至开始反偏（$U_{ce}>U_{be}$）这一段，随着的 U_{ce} 上升 I_c 将表现为迅速增长，最终脱离饱和进入放大区。

c. 放大区。当 I_b 一定时，从发射区扩散到基区的电子数大体上是一定的，在 U_{ce} 超过一定数值后（约1V），这些电子绝大部分已被集电结收集形成 I_c，当 U_{ce} 继续加大后，I_c 也不再有明显的增加，具有恒流特性，即图9-8（b）中的 B 所在的区域。只有当 I_b 增大时，相应的 I_c 也增大，而且比 I_b 增大的多得多，三极管的电流放大作用就体现在这里。

(2)三极管的伏安特性测试方法

如图9-9所示,共发射极三极管伏安特性测试电路。

测试输入特性时,保持三极管 c 极与 e 极之间的电压 U_{ce} 不变,调节 R_b 改变输入端电压,测量出三极管的输入电压(即基极与发射极间电压 U_{be})和基极输入电流(即基极电流 I_b),得出 I_b 与 U_{be} 的关系曲线。

测量输出特性时,保持基极电流 I_b 一定时,调节 R_c,测得一组 U_{ce} 和 I_c 数值,得到一条在 I_b 一定时的 U_{ce} 和 I_c 关系曲线;当基极电流 I_b 固定不同值时,调节 R_c 所测得的不同 U_{ce} 下的 I_c 值,得到一簇 U_{ce} 和 I_c 关系曲线。

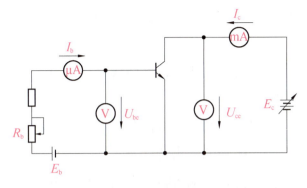

图9-9 共发射极三极管伏安特性测试电路

任务实施

1. 课前准备

课前完成线上学习电阻、二极管、三极管的相关参数,分类及其应用,进一步熟悉电子电压表、电流表、微安表的使用方法。

2. 任务引导

(1)准备工作

准备仪器:小组讨论,从实验室中选择直流稳压电源、电压表、毫安表、微安表、电阻、可变电阻、二极管、稳压二极管、三极管、开关、导线和面包板等测试用器材,将其名称、型号、数量、作用等填入表9-1中。

表9-1 测量器材

序号	器材名称	型号	数量	作用
1				
2				
3				
4				
5				
6				
7				
8				

(2)完成练习题

①测量二极管伏安特性时,电流表有_____、_____两种连接方法。在测量二极管正向特性时采用_____,测量反向特性时采用_____,以减小测量误差。

②伏安法测量电阻值的原理是_____。

③二极管最主要的特性是_____，它是指：PN 结正偏时呈_____状态，正向电阻很_____（小，大），正向电流很_____（小，大）；PN 结反偏时呈_____状态，反向电阻很_____（小，大），反向电流很_____（小，大）。

④二极管的伏安特性是指_____和_____之间的关系。

⑤二极管的伏安特性曲线是以通过_____为横坐标，通过_____为纵坐标，所绘制出来的图像。

⑥三极管的伏安特性包含_____和_____特性。

⑦三极管的输出特性有_____、_____和_____三个区域。

⑧三极管的输入特性是指三极管输入回路中的_____与_____之间的关系。

⑨三极管的输出特性是指在一定的基极电流 I_B 的控制下，三极管的_____与_____之间的关系。

⑩三极管的输出特性曲线是簇曲线，每条曲线都与_____对应。

（3）电阻的测量

①器材准备与选择。提供的器材如表 9-2 所示。

表 9-2　器材选择表

序号	器材名称	规格	选择
1	待测量电阻 R_X	约 100Ω	
2	直流稳压电源或蓄电池	输出电压 V、内阻不计	
3	滑动变阻器	阻值范围 0~15Ω，允许最器电流 1A	
4	开关、导线	单刀双掷，导线若干	
5	电压表 V1	量程 0~4V，内阻 5kΩ	
6	电压表 V2	量程 0~10V，内阻 10kΩ	
7	标准电阻（电阻箱）R1	×0.1（±1%）	
8	标准电阻（电阻箱）R1	×1（±0.2%）	
9	标准电阻（电阻箱）R1	×10（±0.05%）	
10	电流表 A1	量程 0A~10mA，内阻 50Ω	
11	电流表 A2	量程 0A~30mA，内阻 40Ω	

②电路搭建与测试。可以根据图 9-2 搭建电阻测试电路，也可以根据图 9-10 所示搭建电阻测试电路，并根据被电阻大小来确定采用电流表内接或外接。将测试结果填入表 9-3 中。

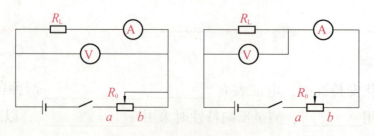

图 9-10　伏安法测量电阻

表 9-3 数据记录表

序号	电压/V	电流/A	电阻/Ω	电阻平均值/Ω
1				
2				
3				
4				
5				

（4）二极管伏安特性测试

①测定二极管的伏安特性。

选择 IN4007 二极管一个，2CW51 稳压管一个，根据图 9-7 和图 9-11 搭建测试电路。R 为限流电阻器。测二极管的正向特性时，其正向电流不得超过 25mA，二极管 V_D 的正向压降 U_{D+} 可在 0~0.75V 取值。在 0.5~0.75V 应多取几个测量点。做反向特性实验的时候，只需将图 9-11 中的二极管 V_D 反接，且其反向电压可加到 30V 左右。将测得数据填入表 9-4、表 9-5 内，依据所测得的数据在表 9-8 中画出特性曲线。

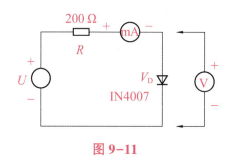

图 9-11

表 9-4 测定二极管的正向特性

U_{D+}	0	0.20	0.40	0.50	0.55	0.60	0.65	0.70	0.75
I/mA									

表 9-5 测定二极管的反向特性

U_{D+}	0	-5	-10	-15	-20	-25	-30
I/mA							

②测定稳压二极管的伏安特性。

正向特性：将图 9-11 中的二极管 IN4007 换成稳压二极管 2CW51，重复实验内容①中的正向测量。U_{D+} 为正向电压，数据记入表 9-6。

表 9-6 测定稳压三极管的正向特性

U_{D+}	0	0.20	0.30	0.45	0.50	0.55	0.60	0.65	0.70	0.75
I/mA										

反向特性：将稳压二极管 2CW51 反接，重复内容①中的反向测量。U_{D-} 为反向电压，数据记入表 9-7。

表 9-7　测定稳压二极管的反向特性

U/V	0	1	2	3	4	5	6	7	8	10	12	18	20
U_{D-}/V													
I/mA													

（5）绘制特性曲线

将所测数据，绘成特性曲线，并填入表 9-8 中。

表 9-8　晶体管特性曲线

电阻的伏安特性	
电阻伏安特性曲线	
X 轴每格为_____μs，Y 轴每格为_____V_{PP}；	X 轴每格为_____μs，Y 轴每格为_____V_{PP}
二极管的伏安特性	
正向特性曲线	反向特性曲线
X 轴每格为_____μs，Y 轴每格为_____V_{PP}；	X 轴每格为_____μs，Y 轴每格为_____V_{PP}

续表

稳压二极管的伏安特性	
正向特性曲线	反向特性曲线
X 轴每格为_____ μs，Y 轴每格为_____ V_{PP}；	X 轴每格为_____ μs，Y 轴每格为_____ V_{PP}
波形测试中发现的问题及分析：	

3. 任务评价

对任务完成情况进行检查与评价，将自我评价、小组评价及教师评价得分分别填入表 9-9 中。

表 9-9　检查与评价

任务					操作人员			完成工时			
序号		项目观测点	配分	评分标准（扣完为止）	自我评价	得分	小组评价	得分	教师评价	得分	
1	任务实施	测量仪器选择	10	选择错每个扣 1 分							
2		电子元件选择	10	选择错每个扣 1 分							
3		电路搭建	20	接线错 1 处扣 2 分							
4		特性曲线	15	错 1 处扣 1 分							
5		数据记录规范	10	每处扣 1 分							
6		完成工时	5	超时 5 分钟扣 1 分							
7		安全文明	5	未安全操作、整理实训台扣 5 分							

续表

任务序号	项目观测点		配分	评分标准（扣完为止）	操作人员		完成工时			
					自我评价	得分	小组评价	得分	教师评价	得分
8	完成质量	正确读取数据	5	失真每处扣2分						
9		正确使用万用表	10	超出误差范围每处扣2分						
10	专业知识	完成练习题	10	未完成或答错一道题扣1分						
	合计		100							
	加权得分（自我评价×30%+小组评价×30%+教师评价×40%）									
	综合得分									

任务拓展

三极管的伏安特性测试

图9-12为测试三极管（NPN管）伏安特性电路，可在面包板上搭建图中电阻 R_1 和电位器 R_2 测试电路，调节 R_2 可改变b、e极间的正向电压 U_{be}，调节电位器 R_3 可改变c、e极之间电压 U_{ce}，并使集电结处于反向偏置。这样就构成了一个共发射极放大电路。

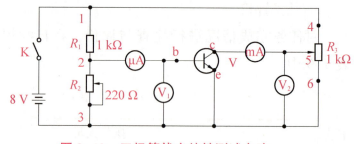

图9-12 三极管伏安特性测试电路

1. 输入特性测试

根据表9-10中所给数据，分别测量 $U_{ce}=0V$ 和 $U_{ce}=2V$ 下的输入特性数据并填入表9-10中。根据所测得的数据在图9-13坐标纸上定量描绘出三极管输入特性曲线全貌。要求找出坐标原点（$U=0$，$I=0$），正确标出坐标轴的单位和坐标。

表9-10 测定三极管输入特性

U_{ce}/V	$I_b/\mu A$	0.0	5.0	10.0	15.0	20.0	30.0	40.0	60.0	100.0
	U_{be}/V									
0.00										
2.00										

2. 输出特性测试

根据表 9-11 中所给出的数据,测量不同 I_b 下的输出特性数据并填入表 9-11 中。根据所测得的数据在表 9-8 中画出三极管输出特性曲线。注意:通过调节 R_3 改变 U_{ce} 时,会引起 I_b 的改变,需要重新调 R_2,使 I_b 保持预定值。

表 9-11 测定三极管输出特性

$I_b/\mu A$	U_{ce}/V	0.00	0.10	0.20	0.30	0.40	0.50	0.60	0.80	1.00	1.50	2.00	3.00	4.00	6.00	8.00
	I_c/mA															
20.0																
40.0																
60.0																
80.0																
100.0																

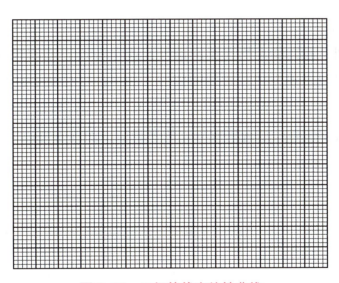

图 9-13 三极管伏安特性曲线

任务 2 模拟信号的观察与测量

任务描述

学习模拟信号、数字信号的基本概念、特点和参量及信号的描述,运用所学仪器仪表搭建一个信号综合测量系统,对相关参数进行测量和分析,并按要求回答相关问题。

任务分析

要先课前预习直流稳压电源、函数信号发生器、电压表、毫安表、示波器的使用方法。学习模拟信号、数字信号的基本概念、特点和参量及信号的描述。

选择测量仪器、器材搭建测试电路，制定出测试步骤，按要求选择仪器仪表量程，合理选取测试点，观察波形并做好数据记录。

依据测量数据进行分析测量结果，回答相关的问题。在测量过程中，要选择合适的仪器和恰当的量程，以减小系统误差。用不同仪器测量同一个参量时，注意对不同仪器的对比，积累使用仪器的经验。

知识链接

1. 模拟信号

（1）什么是模拟信号

模拟信号是指时间上和数值上均连续的信号，或在一段连续的时间间隔内，其代表信息的特征量可以在任意瞬间呈现为任意数值的信号。如由温度传感器转换来的反映温度变化的电信号等。最典型的模拟信号是正弦波信号，如图9-14（a）所示，主要参数是电压和时间。与模拟信号对应的是数字信号，后者采取分立的逻辑值，而前者可以取得连续值。

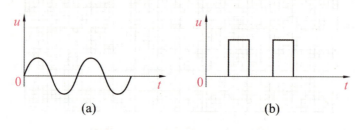

图9-14 模拟与数字信号波形
（a）正弦波信号；（b）矩形波信号

（2）模拟信号的特点

电路中的电压或电流是随时间连续变化的，例如我们熟悉的直流电和正弦波交流电。模拟信号的振幅（大小）和周期（频率）总在某一范围内变化，任一时刻的数值均处于最大值和最小值之间，例如声音信号很容易转换成模拟电信号，当音量大小变化时，模拟声音的电信号幅度也随之发生变化；当音调变化时，模拟声音的电信号频率也随之变化。

2. 数字信号

（1）什么是数字信号

数字信号是指时间上和数值上均离散的信号，如开关位置、数字逻辑等，最典型的数字信号是矩形波，如图9-14（b）所示。数字信号所表现的形式是一系列的高、低电平组成的脉冲波，即信号总在高电平和低电平之间来回变化。在计算机中，数字信号的大小常用有限位的二进制数表示，例如，字长为2位的二进制数可表示4种大小的数字信号，它们是00、01、10和11。

（2）数字信号的特点

由于数字信号是用两种物理状态来表示0和1的，故其本身干扰和环境干扰的能力都比模拟信号强很多；在现代技术的信号处理中，数字信号发挥的作用越来越大，几乎复杂的信号处理都离不开数字信号，或者说，只要能把解决问题的方法用数学公式表示，就能用计算机来处理代表物理量的数字信号。

3. 模拟信号与数字信号之间的相互转换

通常所说的模拟信号数字化是指将模拟信号转换为数字信号，将数字化的信号进行传输和交换的技术。这一过程涉及数字通信系统中的两个基本组成部分：一个是发送端的信源编码器，它将信源的模拟信号变换为数字信号，即完成模拟/数字（A/D）变换；另一个是接收端的译码器，它将数字信号恢复成模拟信号，即完成数字/模拟（D/A）变换，将模拟信号发送给终端。

4. 模拟信号的测量

测量模拟信号的频率、波形、周期、电压等参数。需要用的测量仪器如下。

直流稳压电源：直流供电；

函数信号发生器：给出频率、电压可调的模拟信号（波形可变换）；

示波器：用来观察波形、测量信号的频率、周期、电压、脉冲宽度、初相位；

毫伏表：用来测量交流电压；

多功能读数器：用来测量信号频率、周期，也可以用来读数；

数字万用表：测量交直流电压及电流、电阻值、电容量、晶体三极管hFE测试、二极管测试。

其测试接线如图9-15所示。实验线路是对输入信号进行变换（放大、变频、波形变换等），测量仪器可对输入、输出信号进行参数测量。

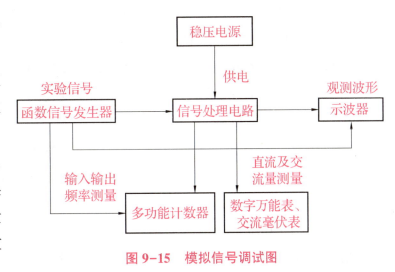

图9-15 模拟信号调试图

任务实施

1. 课前准备

课前完成线上预习模拟信号放大电路的工作原理及函数信号发生器、直流稳压电源、示波器、计数器、交流毫伏表及数字万用表的使用方法。

2. 任务引导

（1）准备工作

准备仪器：小组讨论，从实验室中选择直流稳压电源、毫伏表、数字万用表、微安表、开关、导线和模拟信号变换电路等测试用器材，将其名称、型号、数量、作用等填入表9-12中。

表 9-12 测量器材

序号	器材名称	型号	数量	作用
1				
2				
3				
4				
5				
6				
7				
8				
9				
10				

（2）完成练习题

①自然界的各种物理量必须首先经过_____将非电量转换为电量，即_____。

②信号在频域中表示的图形或曲线称为信号的_____。

③各种信号各频率分量的_____随角频率变化的分布，称为该信号的幅度频谱。

④各种信号各频率分量的_____随角频率变化的分布，称为该信号的相位频谱。

⑤周期信号基本参量有_____、_____、_____。

⑥_____称为模拟信号。

⑦_____称为数字信号。

⑧一正弦波周期信号 $u=2.5\sin(3\pi t+\pi)$ 信号的振幅是_____，角频率是_____，频率是_____，初相位是_____。

⑨数字信号只有两个离散的值是0和1，没有_____之分，只代表两种_____的状态。

⑩一般情况下，数字信号是以_____来表示的，因此信号的_____一般以比特（bits）来衡量。

（3）电路搭建与测量

根据图9-15测试框图搭建测量电路，信号处理电路可以是不同电路（如三极管放大电路、集成支运放、信号调理电路等），用函数信号发生器输出正弦波，用频率计测量其频率，用毫伏表测量其电压（有效值），用示波器观察波形（也可读出电压值大小峰–峰值）。

① 选取频率为 50Hz，电压为 5mV 的正弦信号，适当选择仪器旋钮的位置，在示波器上观察 2 个完整的波形，将各旋钮位置记录于表 9–13 中。

② 选取频率为 100Hz，电压为 50mV 的正弦信号，适当选择仪器旋钮的位置，在示波器上观察 5 个完整的波形，将各旋钮位置记录于表 9–13 中。

③ 选取频率为 1000Hz，电压为 500mV 的正弦信号，适当选择仪器旋钮的位置，在示波器上观察 10 个完整的波形，将各旋钮位置记录于表 9–13 中。

④ 选取频率为 300kHz，电压为 5V 的正弦信号，适当选择仪器旋钮的位置，在示波器上观察 5 个完整的波形，将各旋钮位置记录于表 9–13 中。

表 9–13　信号测量数据记录表

仪器		50Hz/5mV	100Hz/50mV	1kHz/500mV	300kHz/5V
信号源	频段选择				
	衰减				
毫伏表	量程				
	读数				
示波器	选择 V/DIV				
	选择 T/DIV				
频率计	f 测量读数				
	衰减				
	低通				
稳压电源	挡位				
	输出电压				

信号放大电路的电压增益测量结果记录于表 9–14 中。

表 9–14　信号电压增益

测试条件	工作状态	输入信号电压	输出信号电压	电压增益（A_u）	输入波形	输出波形
f=1kHz						

任意选取一种信号频率的波形记录于 9–15 中。

表 9-15 信号放大电路输入输出信号波形

选定观察信号的频率：	
输入波形	输出波形
X 轴每格为_____ μs，Y 轴每格为_____ V_{PP}；	X 轴每格为_____ μs，Y 轴每格为_____ V_{PP}
波形测试中发现的问题及分析：	

（4）信号放大电路幅频率特性测量

①按图 9-15 所示连接线路。

②调节函数发生器，使其输出频率 1kHz，幅度为 10mV 的正弦信号，并将其送到被测放大器输入端。

③在被测放大器输出端接上负载电阻 R 后，再将输出接到毫伏表或示波器的 Y 输入端，测出放大器在 1kHz 时的输出电压值。

④按被测电路的技术指标，在保持函数发生器输出幅度不变的情况下，逐点改变信号发生器的频率，逐点记录被测放大器的输出电压值在表 9-16 中，然后，根据记录数据，在图 9-15 坐标纸中画出被测放大器的频率特性曲线。

表 9-16 电路幅度与频率测量数据

频率 （kHz）										
电压 （mV）										

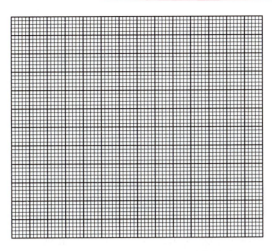

图 9-16 放大电路幅频特性曲线

3. 任务评价

对任务完成情况进行检查与评价,将自我评价、小组评价及教师评价得分分别填入表 9-17 中。

表 9-17 检查与评价

任务序号		项目观测点	配分	评分标准(扣完为止)	操作人员		完成工时			
					自我评价	得分	小组评价	得分	教师评价	得分
1	任务实施	测量仪器选择	10	选择错每个扣1分						
2		测量电路搭建	20	接线错1处扣2分						
3		信号波形	10	错1处扣1分						
4		测量数据	20	每处错误扣1分						
5		完成工时	5	超时5分钟扣1分						
6		安全文明	5	未安全操作、整理实训台扣5分						
7	完成质量	正确读取数据	10	失真每处扣2分						
8		正确使用万用表	10	超出误差范围每处扣2分						
9	专业知识	完成练习题	10	未完成或答错一道题扣1分						
合计			100							
加权得分(自我评价×30%+小组评价×30%+教师评价×40%)										
综合得分										

任务拓展

测量仪器的选择与比较

1. 直流电压的测量

（1）开启稳压电源开关，调节稳压电源，使两路电压输出分别为+5V 和-5V，分别用数字（指针）式万用表 DC、AC 挡，数字示波器和数字交流毫伏表测量其输出电压，将测量值填记录在表 9-18 中。体会和掌握直流电压测量中的仪器和测量方法的选用。

表 9-18 直流电压的测量

稳压电源输出电压	-5V	-5V
万用表 DC 挡测量值		
万用表 AC 挡测量值		
数字示波器测量值		
数字交流毫伏表测量值		

回答问题：

分析表中测试结果，上述几种仪器是否可用于直流电压测量？测量准确度有何不同？

2. 用数字示波器和数字交流毫伏表测量信号参数

（1）从函数信号发生器输出频率为 5kHz，峰峰值为 5V 的正弦信号，送到示波器的 CH2 通道，调节示波器的相关旋钮，使示波器显示屏显示出一个幅度约 5 格、有 2~3 个周期的稳定波形。

（2）用数字示波器测量其峰峰值 V_{pp}、周期 T、频率 f 和有效值，填在表 9-19 中。

（3）用数字交流毫伏表测量其峰峰值 V_{pp} 和有效值 U，填在表 9-19 中。

（4）从函数信号发生器输出频率为 5kHz，幅值为 5V 的方波或三角波信号。分别用万用表 AC 挡、数字示波器和数字交流毫伏表测量其相应参数，并记录在表 9-19 中。

表 9-19 信号参数记录表

函数像发生器	峰峰值	周期	频率	有效值
	5V		5kHz	
	正弦波			
数字示波器				
数字交流毫伏表				
	方波			
万用表				

续表

函数像发生器	峰峰值	周期	频率	有效值
	5V		5kHz	
数字示波器				
数字交流毫伏表				
	三角波			
万用表				
数字示波器				
数字交流毫伏表				

回答问题：

分析上述测试结果，哪种仪器可用于脉冲信号的测量？应怎样测量？

3. 电子测量仪器频率响应特性的测量

（1）将表9-20中所列仪器的频率范围指标记录下来。

表9-20 仪器频率指标

仪器	示波器	毫伏表	数字万用表	模拟万用表
频率测量范围				

（2）用表9-20所列出的测试仪器分别测量10V直流电压和峰峰值为10V、频率按表中所示的正弦信号电压，将结果填入表9-21中。

表9-21 电压测量数据表

信号源	测试电压	频率	测试仪器			
			示波器	毫伏表	数字万用表	模拟万用表
稳压电源	直流电压10V	—				
函数信号发生器	$10V_{PP}$	50Hz				
	$10V_{PP}$	1kHz				
	$10V_{PP}$	10kHz				
	$10V_{PP}$	100kHz				
	$10V_{PP}$	10MHz				

回答问题：

分析表9-20数据并参考表9-21各仪器实际频率测量范围值，说明仪器设备的使用频率范围对测量准确度的影响。

思考与练习 9

1. 测量时总存在误差，通常将测量值与真实值之差叫做绝对误差。一般在实验中所用电流表的准确度等级一般是 2.5 级，2.5 级电流表的含义是用该电流表测量时的最大绝对误差不超过满刻度值的 2.5%。表 9-22 给出了用 2.5 级电流表测量电流时，电流表指针的偏转角度与百分误差（即最大绝对误差与电流表读数之比的百分数）之间的关系。

表 9-22　电流表读数

电流表指针的偏转角度	量程为 0~0.6A 电流表的读数	百分误差
满刻度	0.60A	2.5%
满刻度的二分之一	0.30A	5.0%
满刻度的三分之一	0.20A	7.5%
满刻度的四分之一	0.15A	10%
满刻度的十分之一	0.06A	25%
满刻度的二十分之一	0.03A	

（1）上表中的最后一空处相应的百分误差应是_____。

（2）从上表中的数据可以看出，该电流表的指针偏转的角度越大，百分误差_____（选填"越大""越小"或"不变"）。

（3）如果用准确度等级是 2.5 级的电流表进行测量时要求百分误差小于 3.75%，则该电流表指针的偏转角度应大于满刻度的_____。

2. 伏安特性曲线表示的是_____与_____之间的关系。

3. 二极管的伏安特性曲线反映了_____与_____之间的关系。

4. 用伏安法测电阻，当被测电阻的阻值不能估计时，可采用试接的办法，如图 9-17 所示。让电压表一端先后接到 b 点和 c 点，观察两个电表的示数，若电流表的示数有显著变化，则待测电阻的阻值跟_____表的内阻可以比拟。电压表的两端应接在 a、_____两点；若电压表的示数有显著变化，则待测电阻的阻值跟_____表的内阻可比拟，电压表应接在 a、_____两点。

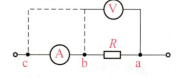

图 9-17　练习题 4 图

5. 三极管的_____作用是三极管最基本最重要的特性。

6. 为什么测二极管正向伏安特性时，采用电流表外接法，反之，在测量反向特性时，采用电流表内接法？

7. 为了准确测量二极管伏安特性曲线，测试中应如何设计数据测量点。

8. 三极管伏安特性测试电路的搭建和测量过程有哪些需要注意的问题？

9. 从伏安特性曲线中可获得哪些有关三极管的重要参数？分别是怎样获得的？

10. 通常测量信号幅度的仪器有哪些？测量直流、50Hz市电、正弦波和脉冲波等不同的信号时可各选用哪些仪表？哪种最方便准确？为什么？

11. 用示波器或毫伏表测量信号发生器输出电压时，测试线上的红夹子和黑夹子应怎样连接？如果互换使用，会有什么现象？

12. 试说明示波器交流耦合和直流耦合分别用到什么场合？

13. 简述模拟信号的描述方法。

14. 在测量中交流毫伏表和示波器荧光屏测同一输入电压时，为什么数据不同？测量直流电压可否用交流毫伏表，为什么？

15. 被测电压8V左右，现有两只电压表，一只量程 $0\sim10V$，准确度 $S_1=1.5$，另一种量程 $0\sim50V$，准确度 $S_2=1.0$ 级，问选用哪一只电压表测量结果较为准确。

16. 用量程是10mA的电流表测量实际值为8mA的电流，若读数是8.15mA，试求测量的绝对误差、示值相对误差和引用相对误差。

17. 有一个10V标准电压，用100V挡、0.5级和15V挡、2.5级的两块万用表测量，问哪块表测量误差小？

18. 用示波器直接测量某一方波信号电压，将探头衰减比置×1，垂直偏转因数V/div置于"5V/div" "微调"置于校正校准L位置，并将"AC-GND-DC"置于AC，所测得的波形峰值为6div，则测得峰峰值电压为多少？有效值电压为多少？

19. 总结完成本次任务的心得体会，获得了哪些方面的知识、技能？

参考文献

[1] 田书林，等. 电子测量技术 [M]. 北京：机械工业出版社，2012.

[2] 詹惠琴，古天祥，习友宝，古军，何羚. 电子测量原理 [M]. 2版. 北京：机械工业出版社，2017.

[3] 蔡杏山. 电子测量仪器自学手册 [M]. 北京：人民邮电出版社，2018.

[4] 林占江，林放. 电子测量技术 [M]. 4版. 北京：电子工业出版社，2019.

[5] 周友兵. 电子测量技术项目化教程 [M]. 北京：电子工业出版社，2017.

[6] 李骙. 电子测量技术与仪器 [M]. 2版. 北京：电子工业出版社，2017.

[7] 陈尚送. 电子测量与仪器 [M]. 4版. 北京：电子工业出版社，2018.

[8] 李明生. 电子测量仪器与应用 [M] 4版. 北京：电子工业出版社，2017.

[9] 贾丹平，姚丽，桂珺，赵亚威，姚世选. 电子测量技术 [M]. 北京：清华大学出版社，2018.

[10] 黄璟. 电子测量与仪器 [M]. 2版. 北京：电子工业出版社，2019.

[11] 陆绮荣. 电子测量技术 [M]. 4版. 北京：电子工业出版社，2016.

[12] 杨龙麟. 电子测量技术 [M]. 2版. 重庆：重庆大学出版社，2020.

[13] 孟凤果. 电子测量技术 [M]. 北京：机械工业出版社，2018.

[14] 康秀强. 电子测量技术与仪器 [M]. 北京：机械工业出版社，2012.

[15] 王川. 电子测量技术与仪器 [M]. 北京：北京理工大学出版社，2018.